强震下隔震结构支座损伤的数值模拟研究

任玥　著

江苏凤凰科学技术出版社 · 南京

图书在版编目（CIP）数据

强震下隔震结构支座损伤的数值模拟研究 / 任玥著
. -- 南京：江苏凤凰科学技术出版社，2022.2
ISBN 978-7-5713-2767-5

Ⅰ. ①强… Ⅱ. ①任… Ⅲ. ①建筑施工－抗震支座－数值模拟 Ⅳ. ① TU753.7

中国版本图书馆 CIP 数据核字 (2022) 第 025559 号

强震下隔震结构支座损伤的数值模拟研究

著　　者　任　玥
项目策划　凤凰空间/夏玲玲
责任编辑　赵　研　刘屹立
特约编辑　王雨晨

出版发行　江苏凤凰科学技术出版社
出版社地址　南京市湖南路1号A楼，邮编：210009
出版社网址　http://www.pspress.cn
总　经　销　天津凤凰空间文化传媒有限公司
总经销网址　http://www.ifengspace.cn
印　　刷　河北京平诚乾印刷有限公司

开　　本　710 mm×1 000 mm　1/16
印　　张　10
字　　数　150 000
版　　次　2022年2月第1版
印　　次　2022年2月第1次印刷

标准书号　ISBN 978-7-5713-2767-5
定　　价　69.80元

前言

近年来，我国相继发生了四川汶川 8.0 级地震和青海玉树 7.1 级地震以及其他规模的地震，给当地的人员和经济造成了巨大损失。作为减轻地震反应的隔震技术已经进入人们的视线，并应用于工程实际。隔震属于结构被动控制的一种，是工程结构减震的一个重要分支。它是指在结构底面与基础之间设置隔震装置（通常是橡胶支座），减小地震能量向上部结构的传输，减少上部分的反应。

虽然隔震技术已经是一种发展比较成熟的被动控制技术，但是高层隔震技术研究的历史还不算长，也不是很成熟，还有很多问题需要探讨和研究。近年来，随着隔震结构的层数的增多，高宽比增大，高层隔震结构的橡胶隔震支座容易因承受拉应力和横向变形超限而产生破坏。与普通的多层隔震结构相比，高层和超高层隔震结构具有一定的特殊性，还存在多方面的问题需要解决，这主要是由其较大的高宽比引起的。

高层隔震结构中使用的橡胶支座，有可能在地震作用下因承受拉应力和横向变形过大而产生破坏，引起结构的倒塌。虽然在历次的地震中，高层隔震建筑并未出现过倒塌的情况，但如果未来面对未知的特大地震等破坏，部分隔震支座退出工作，或是隔震层由于变形过大受到损伤，将会给上部结构带来巨大的影响。隔震支座破坏后，其维修和替换工作十分困难，如果引发结构连续性倒塌或者整体性倾覆，带来的生命和财产的损失是难以估量的。鉴于今后隔震技术的应用将越来越广泛，对支座损伤及其控制策略的研究将是十分重要的研究课题。

本书以单体隔震支座的损伤研究为基础，定义其拉伸和剪切两种情况下的破坏准则，分析由此组成的隔震层在单个或多个隔震支座破坏失效后的层刚度弱化情况，同时探讨对隔震层和上部结构所造成的影响。此外，通过有限元软件，分析隔震层与挡墙冲撞后的上部结构的反应情况。最后通过振动台试验，探讨了不同隔震形式的结构在遇到碰撞后对上部结构所产生的影响。

武汉学院　任玥

目录

第 1 章　绪论

1.1　引言

地震是一种危害极大的突发性自然灾害，在建筑抗震设计中，将其定义为因地球内部构造运动产生的，能够引起地面强烈震动，并造成极大危害的自然现象。据统计，世界上破坏性的地震平均每年约 18 次。20 世纪以来，地震引起的经济损失达数千亿美元，导致 120 多万人死亡和近千万人伤残[1,2]。

一次大的破坏性地震，如果发生在人口稠密、经济发达的地区，在几十秒甚至几秒内就会使成千上万的人丧生，成百上千幢建筑物沦为废墟，给人类造成巨大的灾难[2]。人类历史上有很多造成巨大生命和财产损失的地震。1923 年 9 月 1 日，日本关东发生 8.1 级大地震，死亡和失踪人数达 143 000 人，财产损失 65 亿日元，占日本当时全国财富的 5%，并引发了火灾、狂风、海啸等次生灾害。1976 年 7 月 28 日，中国唐山发生 7.8 级大地震，死亡人数达 242 769 人，财产损失达 30 亿元人民币以上。1988 年 12 月 7 日上午，苏联南部的亚美尼亚地区遭遇 6.9 级地震，斯皮塔克镇被完全夷平，全镇 2 万居民大多数罹难。造成如此严重破坏的地震实属少见，在离震中 48 千米的亚美尼亚最大城市列宁纳坎（现名居姆里），4/5 的建筑物被摧毁；在附近的基洛瓦坎城，几乎每幢建筑物都倒塌了。

近年来，世界进入了地震频发的时期。2008 年 5 月 12 日 14 点 28 分，中国四川省汶川县发生 8.0 级大地震，最大烈度 11 度，重灾区域面积超过 1×10^5 km^2；地震中 17 923 人失踪，374 643 人受伤，69 227 人遇难，直接经济损失 8451 亿元人民币。当地时间 2010 年 1 月 12 日 16 时 53 分，海地发生 7.3 级强烈地震，这是自 1770 年以来海地最严重的大地震，使这个西半球贫穷的国家遭受了前所未有的打击，带来难民 300 多万人，遇难人数超过 20 万人。2010 年 2 月 27 日，智利康塞普西翁东北偏北地区发生 8.8 级强烈地震并触发海啸，造成大约 500 人死亡。2010 年 4 月 14 日晨，青海省玉树县（现为玉树市）发生两次地震，最高震级 7.1 级，死亡 2 698 人，失踪 270 人。北京时间 2011 年 3 月 11 日 13 时 46 分，日本东北部宫城县以东太平洋海域发生 9.0 级大地震，在 11—13 日共发生 168 次 5 级以上余震，已确认 14 704 人遇难，10 969 人失踪；地震引起福岛核电站的 1、2、3、4 号机组接连发生事故，日本各地均监测出超出本地标准值的辐射量。2011 年 8 月 11 日，新疆阿图什市、伽师县交界处发生 5.8 级地震，导致 708 户房屋遭受不同程度的破坏，其中 172 户房屋发生倒塌。

从 20 世纪初日本提出简单的抗震设计思想，到目前国际上普遍认可的“小震不坏、中震可修、大震不倒”的指导思想，再到基于性能的抗震设计思想的提出，结构抗震设计经过两次质的飞跃，正在向更人性化的方向发展。这是人们在不断总结历次地震经验教训的基础上取得的结果。

为了能使建筑物免受地震作用的强烈破坏，一个多世纪以来，人们一直在思考和实践着将建筑物与由强震产生地面运动的破坏作用分开，因此引发了结构控制的思想，其中隔震结构的思想应用较为广泛。传统的结构设计方法，是依靠提高结构和构件自身的强度、刚度等来抵抗地震的作用，是一种消极的抗震方法，对于强震而言，既不经济也不全面。而隔震结构是在建筑物自身维持结构的竖向支承功能的前提下，吸收地震输入的能量，并容许混凝土产生裂缝和钢材屈服，维持建筑物的使用功能[3，4]。国内外已经建成多座隔震房屋建筑和桥梁，在地震中发挥了良好的效果，经受住了地震的考验。

1.2　结构控制技术及方法

结构控制技术的研究和应用已有 40 余年的历史，虽然结构控制的概念提出的时间不长，但得到了较为迅速的发展。其研究和应用大体上分为三个领域：基础隔震、被动耗能减振以及主动、半主动和智能控制[5]。

按照是否需要外加能源来区分的话，结构控制技术可以分为被动控制、半主动控制和主动控制，另外还有结合产生的混合控制，隔震技术就属于土木工程结构振动被动控制方法的一种。

1.2.1　被动控制

结构被动控制是指在结构中设置非结构构件的耗能元件，通过其在地震中被动的变形和往复运动来耗散地震能量，降低结构对地震的响应。结构被动控制不需要外加能源[5]。

其中隔震技术应用研究较为广泛，是工程结构减震的一个重要分支。它是指在结构底面与基础之间设置隔震装置（通常是橡胶支座），减小地震能量向上部结构的传输，减少上部分的反应。

简单来说，基础隔震的原理就是通过设置隔震层来延长结构的周期，使之不会与某个固定卓越周期的场地震动发生共振，使上部结构基本上处于弹性工作状态而不致产生破坏或倒塌。一般情况下，结构的自振周期在 1 s 左右，接近建筑场地的特征周期。如果采用隔震技术增加隔震装置，能将结构的自振周期延长到 2~5 s，从而避开场地的卓越周期，有效地降低结构的地震加速度反应，达到削弱地震作用的效果。其实一般结构、大跨度结构、高层建筑，如果能采用适当的隔震装置进行很好的设计，隔震结构都可以取得良好的效果，可以适用大多数的建筑。

隔震体系具有自身的优点：首先，隔震建筑的变形集中在隔震层，上部结构可以看作一个整体，在大震作用下也可以保持平动，维持正常的使用功能；其次，在高烈度区，隔震建筑的上部结构的抗震计算中设防烈度可以降一度处理，能够降低造价；此外，由于隔震技术具备被动控制的一些优点，不需外加能源，安全、易于维护。

但是，对于一些竖向地震分量明显的地震，隔震建筑不能取得良好的效果。所以目前，隔震技术在近场地震中不能得到很好的使用。由于隔震设计是通过延长建筑物的自振周期以达到隔震效果的，通过这项技术，可以将建筑物的自振周期提高 1.5~3.5 倍，但是高层和超高层建筑本身的自振周期就比较大，隔震技术会使其周期过长而不满足要求。

另外，隔震结构要求建筑周围必须有一定的活动空间，所以比较难适用于密集型城市中临近的建筑，关于这一点，可以考虑把一个街区作为一个整体，建造由隔震结构构成的人工地基场地。若能解决这一问题，隔震结构就可以不分建筑类型，能够适用于很多建筑物[6]。

1.2.2 半主动控制

半主动控制，就是不需要外部能源输入直接提供控制力，控制过程依赖于结构反应信息或外干扰力信息的控制方法[7]。一般以被动控制为主体，利用控制机构提供少量能量来调节结构内部的参数（如阻尼、刚度等），使结构参数处于最优状态，以适应系统对最优状态的跟踪，是一种新型的控制方法。

半主动控制机构往往利用开关控制或称为“0 – 1”控制，通过开关改变控制器的工作状态，从而改变机构的动力特性，以达到比被动控制更好的控制效果。除“0 – 1”控制外，还可采用最优控制。半主动控制的优化控制规律一般仍采用现代控制理论解决[8,9,10]。

半主动控制第一次提出是在 20 世纪 20 年代，而在土木工程领域的研究始于 20 世纪 80 年代，此后随着对半主动控制技术研究的不断深入，出现了许多构造简单、性能优良的半主动控制装置。

半主动控制不需要直接向结构施加控制力，所需要的能量远远小于主动控制所需的能量。世界上第一幢安装了主动变阻尼控制系统的建筑结构的液压阻尼器仅使用 70 W 的电力就可以产生最大可达 1000 kN 的阻尼力。目前，半主动控制装置系统有可变刚度控制系统（AVS）、可变阻尼控制系统（AVD）、可变刚度或阻尼控制系统（AVS/D）、可变液体阻尼控制系统（ER/MR）、半主动隔振装置、可控调谐液体阻尼器、半主动冲击阻尼器、多态可控调频质量阻尼器（TMD）等[11,12]。

半主动控制综合了被动控制和主动控制的优点，又克服了两者的局限性；能随结构动态响应和外界荷载的变化而及时调整控制装置的工作状态；使控制装置的减振作用更好地发挥出来，取得更好的控制效果；将附加刚度装置和附加阻尼装置有机地结合起来，可以充分发挥两者的互补关系[10, 11]。半主动控制用微乎其微的能量就能达到接近主动控制的效果，其经济、可靠、高效的优点将成为建筑结构振动控制的主要发展方向[7]。

1.2.3 主动控制

主动控制与被动控制最大的区别在于需要外加能源，是一种依赖外加能源对结构施加控制力，以达到减小结构振动反应的目的的方法。建筑结构常用的主动控制方法是在结构中的适当位置安装作动器拖动附加质量，或者在结构内部安装作动器对弹性单元施加控制力[15]。根据控制器的不同，主动控制可以分为主动质量阻尼器（简称 AMD 或 A-TMD）、主动拉索和主动支撑等几种。文献[5]中，将结构主动控制的原理总结为图 1.1。

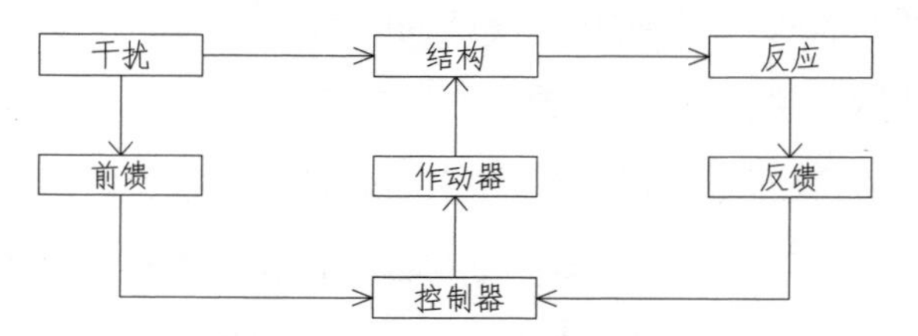

图 1.1 结构主动控制原理框图

结构主动控制需要实时测量结构反应或环境干扰，采用现代控制理论的主动控制算法在精确的结构模型基础上运算和决策最优控制力，使作动器在很大的外部能量输入下实现最优控制力[5]。

结构主动控制的研究以各种控制算法的研究为主，所得的典型算法有经典线性最优控制、线性瞬时最优控制、非线性瞬时最优控制、预测控制、自适应控制、随机最优控制和模糊控制等。主动控制在理论上可以根据人们的要求达到最佳的控制效果。

但是，主动控制也存在一些问题，跟被动控制相比，需要大量持续的附加能源，技术复杂，造价高，虽然对于一些需要保护设备、设施安全和减轻由于设备破坏引起的次生灾害的特殊工程仍然很有效，但是大量应用的可能性不大[15]。例如利用主动拉索（ATS）和主动支撑

(ABS)系统控制小型结构需要数千瓦能源，但控制大型建筑就往往需要高达数千千瓦的能源。因为需要较多的作动器和较大的能量，在实际工程中很难实现。倘若地震破坏了能源系统，主动控制就难以继续维持作用。

1.2.4　混合控制

混合控制，是指选用被动控制、主动控制和半主动控制中的两种或两种以上的控制技术相结合的结构控制技术。混合控制综合了各种控制技术的优点[16]，可以避免其缺点和不足，弥补存在的问题，使结构能够达到更好的减震效果。混合控制进一步满足了结构的安全性和功能性的要求，造价经济，适用范围得以扩宽，可行性更强，具有良好的工程应用价值[17]。

近年来研究最多的是被动控制为主、主动控制为辅的结合方式[5]，主要有两种混合控制方法：一种方法是将被动控制作为控制系统的主体，利用主动控制对被动控制系统进行限位，提供阻尼，并保证被动控制有足够的恢复力复原；另一种方法是采用被动控制系统作为结构的主要保护装置，保护结构在多遇地震下不会遭到破坏，再附加主动控制系统，作为结构低于罕遇地震荷载的主要部件，防止结构在罕遇地震下发生倒塌。

目前混合控制所用的控制装置主要有以下几类：①主动质量阻尼系统(AMD)与调频液体阻尼系统(TLD)，或调谐质量阻尼系统(TMD)与调频液体阻尼系统(TLD)相结合的混合控制；②主动控制与阻尼耗能相结合的混合控制；③主动控制与基础隔振相结合的混合控制；④阻尼耗能与主动支撑系统(ABS)的混合控制、混合质量阻尼器(HMD)等[18]。

混合控制方法中研究和应用最多的是主动质量阻尼系统(AMD)

与调谐质量阻尼器(TMD)的组合[19]。另外还有层间隔震与被动控制TMD结合的混合控制体系[20],能够更有效地吸收地震能量,显著降低基底的相对位移。

1.3 高层隔震结构的应用现状

基础隔震的概念在19世纪末期就被提出,当时日本的学者河合浩藏的设计是,在地基上纵横交错放置多层圆木,再在此之上做混凝土基础和上部结构,以削弱地震传递的能量。1909年,美国工程师卡兰·特伦茨为基础隔震提出了另一种方案,即在基础与上部建筑物之间铺一层云母或者滑石,这样地震时建筑物会发生滑动。到20世纪20年代,美国工程师莱特在工程中应用了隔震的概念,建造了日本东京帝国饭店,并经受住了1923年关东大地震的考验,但当时只是利用密集的短桩插入天然的软土层底部作为隔震层。后来,很多工程师也开始探索基础隔震的方案,例如1924年,日本的鬼头健三郎提出的在建筑物的柱脚与基础之间插入轴承的隔震方案;还有1927年,日本的中村太郎提出的加入阻尼器的方案等。但是,这些方案有别于现代隔震技术,未被进行很好的研究或开发。

1.3.1 国外应用现状

20世纪60年代,隔震技术进入大发展时期,美国、日本和新西兰等国家,都逐渐开始对隔震技术进行深入和系统的理论研究和试验,并取得了丰富的工程成果。特别是20世纪70年代,叠层橡胶支座的出现,推动了隔震技术的蓬勃发展。

第一幢采用现代隔震概念设计的建筑是1969年兴建的南斯拉夫的斯科比小学,该建筑采用了矩形纯橡胶体进行加固改造。隔震技术首先在低层建筑中得到应用，后被用于公路桥梁的加固和建设。例如美国的南加州大学医院，在 1994 年的洛杉矶大地震中未遭受严重破坏，表现出隔震建筑的优越性。新西兰于 1973 年建成了第一座隔震桥梁——“Motu Bridge”，该桥长 170 m，钢桁架轻型桥面，由钢筋混凝土薄腹桥墩支承，上部结构采用滑动支承隔震，其阻尼由 U 型钢弯曲梁提供。

日本是一个地震频发的国家，为抵抗地震灾害，其抗震、减震技术发展一直都位于世界前列，在隔震技术研究方面也十分先进，实际应用经验丰富，也是世界上建造隔震建筑最多的国家[21]。1982 年，日本建成了第一幢现代意义上的隔震建筑，在随后的 1995 年的阪神地震中，其表现出隔震技术的优越性，上部结构并未受很大的损伤，整个建筑在地震中体现出良好的抗震性能。自此以后，越来越多的建筑，包括高层建筑也开始采用隔震技术。特别是 1996 年，竹中工务店在橡胶中掺加碳，大幅提高了支座的抗压和抗拉强度，开发了新型高强度橡胶支座，使隔震技术运用到高层建筑中成为可能。直至 1998 年，高层和超高层隔震结构、塔形隔震结构体系的研究和应用才逐渐得到了重视[22]。随着设计和施工水平的提高，在一些 III 类和 IV 类场地，以及高烈度设防的区域，高层和超高层建筑也日益增多。隔震结构和高层建筑的结合是建筑结构发展的必然趋势。

图 1.2 是坐落于宫城县仙台市的仙台森大厦，是一座 18 层的办公大楼[23]，总高度为 84.9 m。它是日本第一座高度超过 60 m 的基础隔震建筑，同时也是一幢采用混合支座系统的建筑，包括 36 个橡胶隔震支座和 10 个弹性滑动支承。采用隔震技术后，建筑的自振周期为 5 s。在经历了 2003 年 5 月 26 日的宫城县地震后，这座采用基础隔震技术的高层建筑的加速度等符合要求，验证了隔震结构的有效性和安全性。

图 1.2　仙台森大厦

图 1.3　千塔大厦(Thousand Tower)

位于日本神奈川县川崎市的 Thousand Tower 大厦[24](图 1.3) 是一座地上 41 层的钢筋混凝土住宅大楼,在其一楼楼层下方设置了隔震层。其高度为 135 m,在竖直方向的长宽比为 3.83 : 1,整个建筑相对狭长。在动力分析下,采用基础隔震的千塔大厦(Thousand Tower)完全符合规范的要求,同时也正是基于采用隔震技术,使得上部结构的建筑式样可以设计得较为特别。

2003 年 11 月,大阪楠叶塔楼城竣工(图 1.4)。该高层隔震建筑位于大阪枚方市,由京阪电气铁道株式会社投资,竹中工务店设计,与京阪建设企业共同负责施工。塔楼城由 41 层的超高层建筑、24 层的高层建筑和两栋多层建筑组成,最高部分达到 136.8 m[15]。采用隔震体系后,该建筑物在地震作用下的振动将会减小到原来的 1/3~1/2,大大降低了结构的地震响应,即使在罕遇地震作用下,该建筑的破坏程度也会很小,不致倒塌。

图1.4　楠叶塔楼城

我国的一些专家也参与到世界其他国家高层隔震建筑的设计中来。2010年，刘文光教授主持设计了塔吉克斯坦鸟巢大厦，该工程位于杜尚别市中心索莫尼广场东南。该建筑为一类高层住宅，地上21层，地下2层，共23层，总建筑高度77.3 m。

1.3.2　国内应用现状

我国隔震技术起步较晚，20世纪80年代才引起学者的关注。广州大学的周福霖院士、中国建筑科学研究院的周锡元院士、华中科技大学的唐家祥教授等都是减、隔震技术研究的先驱，多年来在隔震结构设计、地震反应分析、振动台试验、隔震支座开发、检验检测、施工安装和规范建立等方面进行了系统的研究工作，逐步创立了适合我国国情的隔震、消能和减震控制技术体系。

国内第一幢隔震建筑由周福霖院士于1994年在广东汕头陵海

路建成，为一幢 8 层的商住楼，并经受住了 1994 年 7.3 级台湾海峡地震的考验。同年，联合国工业发展组织权威专家将其誉为“世界建筑隔震技术发展的第三个里程碑”。此后，橡胶垫隔震支座先后在广州、杭州、北京等地的 500 余项工程中得到应用[23]。

在江苏宿迁建造的人防指挥大楼是当时国内最高的隔震建筑之一。主楼为地上 13 层，地下一层，总高度 48.9 m，隔震层设置在地下室和地上一层之间，共使用 53 个橡胶支座和 12 个滑板支座，以及 4 排黏滞阻尼器。根据文献[24]的记录，时程分析表明隔震支座均处于受压状态，不产生拉力。

由于西南地区地震频发，隔震建筑较为普及，其中云南省是我国建造隔震建筑最多的省份，有 2000 多幢。例如 2009 年，上海大学刘文光教授，主持了云南省博物馆新馆建设项目的隔震设计部分。该项目位于昆明市，地上 6 层，地下一层，总建筑面积约 5.7×10^4 m^2，建筑总高度 35.55 m，多处超限，属于不规则复杂体系，隔震设计满足了博物馆文物保护的特殊抗震要求。再如规模较大的昆明新机场工程，是当前全世界最大的单体隔震建筑，共采用 1000 mm 的铅芯橡胶垫 651 个，1000 mm 的叠层橡胶垫 1152 个，黏滞阻尼器 108 个[25]，如图 1.5 所示。该工程采用了复杂的混合减震、隔震技术和先进的性能

图 1.5　昆明新机场及其采用的隔震支座

设计理念，开发了大型复杂结构隔震使用的新型橡胶隔震支座，创新了安装方法，首次实现了对隔震支座的安装更换，首次建立了完善的监测系统对隔震层进行监测。

其他省份的隔震建筑也取得了好的效益，例如 2013 年 4 月 20 日，四川雅安发生 7.0 级地震，震中芦山县的人民医院医技楼就因为采用了隔震设计，表现出十分优秀的抗震性能，损伤十分轻微，与其他传统抗震建筑的震损形成鲜明对比，在抗震救灾中发挥了重要作用，如图 1.6 所示。

图 1.6　芦山县医院及其采用的隔震支座

根据 2017 年的统计，隔震技术已经在我国广东、福建、山西、陕西、云南、四川、宁夏、内蒙古、新疆、河北、河南、江苏、北京、上海、天津、台湾等全国各省市和自治区得到了应用，已建成的隔震建筑有 6000 多幢，约占世界隔震建筑数量的一半，成为世界上隔震技术应用范围最广泛的国家之一。目前我国的隔震建筑大多采用叠层橡胶隔震支座，主要用于一些重要的建筑物，如重要的办公楼、医院、研究院、邮电大楼、指挥中心等，另外根据开发商的需要也用于住宅中。随着生产力的发展和人类活动的需要，城市新建了越来越多的高层建筑，隔震技术也开始应用在高层和超高层房屋的建造上。

但是，目前国内缺少有关高层建筑隔震的设计资料与实验资料，国际上可以借鉴的经验也较少，因此高层隔震建筑的设计需要做专门的分析计算，以确保建筑具有良好的隔震性能。总体而言我国的隔震技术应用水平还不高，特别是在隔震产品开发和施工工艺、技术方面，与发达国家还有一定距离。再以芦山县医院为例，其隔震设计、施工、构造方面还有很多不足，部分支座在震前就产生了相对位移，穿越隔震层的管线、楼梯梯段均未做柔性处理，在地震中会产生较为严重的震害。

1.4 高层隔震结构连续倒塌的研究进展

1.4.1 结构连续倒塌的概念

结构连续倒塌，在美国土木工程师协会标准 ASCE 7-2005 中被定义为：由初始局部的失效引起连锁反应，在其周围各个构件传递，最终导致了整个结构的倒塌或者不成比例的部分倒塌。值得注意的是，结构发生连续倒塌并不一定是结构的整体倒塌，可能仅是结构的一角连续倒塌，又或者仅是结构某一面或某几个楼层发生倒塌。

根据美国土木工程师协会标准 ASCE 7-05 中的定义，结构的连续倒塌一般存在两个重要的特征，即“发生连锁破坏”和“不成比例”。“发生连锁破坏”是指建筑在地震作用下局部结构、构件破坏失效，并引起与其相连的构件连续破坏，导致相对于初始局部破坏更大范围的破坏。而“不成比例”这个概念还未有定论，可以认为是造成初始破坏的原因与最终破坏的结果不成比例，也可以认为是初始破坏的程度与最终破坏的结果不成比例[26]。

初始破坏是结构连续性倒塌中比较关键的因素。初始破坏是由什么外界因素所形成的？作用在不同的结构位置会有怎样不同的结果？如何合理地模拟初始破坏？各个构件在荷载传递和失效过程中是如何相互接触的？这一连串的问题对于模拟结构的连续倒塌。分析倒塌过程是十分必要的。另外，引起结构初始破坏的原因可能是多方面的，可以简单分为自然原因和人为原因。自然原因有地震作用、海啸作用等。人为原因有煤气爆炸、恐怖袭击、车辆碰撞等，又或者是设计上的错误和忽视，以及施工上的失误。比如著名的罗南角公寓倒塌事件，如图 1.8 所示，是由煤气爆炸引起的初始破坏；美国俄克拉荷马州的艾尔弗雷德·P·默拉联邦大楼倒塌事件，如图 1.9 所示，是由恐怖分子用炸弹在底层爆炸引起的初始破坏；更为著名的“9 · 11”事件是由于飞机冲击爆炸这一外因引起的。

图 1.8　罗南角公寓破坏

图 1.9　艾尔弗雷德·P·默拉联邦大楼破坏

1.4.2　结构连续倒塌研究的重要性

自古以来，建筑物的性状就一直是备受人们关注的问题。公元前 2200 年的《汉穆拉比法典》(*the Code of Hammurabi*)的摘录中，就强调了正确合理的建筑结构设计的关键性。“如果某营造者为某人盖了一栋房子而没有把它的结构做得坚固牢靠并造成房子的倒塌和该房子主人的死，则营造者必须被处以死刑”[2]。建筑物的倒塌带来的灾难是显而易见的，给人类的生活、生产和社会经济造成的危害是巨大的，保证建筑物不倒塌是最基本的要求。

建筑物会因为突发的人为事故风险发生倒塌，表 1.1 列举了 20 世纪 60 年代至 21 世纪初具有代表性的建筑结构倒塌案例[27]。

表 1.1　20 世纪 60 年代至 20 世纪末具有代表性的倒塌案例

年份	国家	倒塌事件
1968	英国	罗南角公寓楼坍塌事故
1971	美国	波士顿联邦大道施工倒塌事故
1973	美国	地平线广场倒塌事故
1979	美国	肯普体育馆屋顶坍塌事故
1983	黎巴嫩	美国驻黎巴嫩海军陆战队兵营爆炸事故
1987	美国	环城广场施工倒塌事故
1993	泰国	皇家广场酒店坍塌事故
1995	韩国	三丰百货大楼倒塌事故
1995	美国	俄克拉荷马州艾尔弗雷德·P·默拉城联邦大楼爆炸事故
1998	肯尼亚	内罗毕美国大使馆事件

其中最让人记忆犹新的就是 2001 年的“9 · 11”事件（图 1.7）。美国世贸中心的双子塔在飞机冲撞下倒塌，不仅造成人员的伤亡和财产的损失，也给人们的心理带来了巨大冲击和阴影，使人们对于高层建筑的安全性质疑。“9 · 11”事件发生后，全球股市全面急挫，纽约华尔街股市宣布无限期停市。由于担心安全问题，人们不敢乘坐飞机，使得许多航空公司严重亏损，面临破产的境地[28]。“9 · 11”事件给结构工程师带来了新的思考，原先的结构设计并没有考虑到爆炸冲击对建筑物的影响。因此，针对恐怖袭击导致建筑物倒塌的研究也越来越

受到研究者的重视。

图 1.7　世贸中心的双子塔倒塌瞬间

另一方面，更重要的是，尽管当今建筑物的建造材料、结构设计水平、施工技术水平都在不断进步，但面对越来越复杂的建筑使用要求和外界的不确定因素，例如地震、海啸、爆炸等，建筑物的安全性能仍然需要不断地研究改进。自中华人民共和国成立以来，我国迄今已发生了多次大震或者特大震。1976 年的 7.8 级唐山大地震，使 242 769 人失去生命，房屋倒塌约 322 万间[1]。2008 年的 8.0 级汶川大地震，造成 8 万多人死亡[29]，4 500 多万人失去家园，财产损失达近万亿元。还有 2010 年的 7.1 级青海玉树地震等。在地震所带来的倒塌问题中，研究其地震中的表现，即倒塌的机制和模式是十分有必要的。

近年来，通过在建筑中增加隔震支座，形成隔震层来抑制地震作用，减少地震能量向建筑结构上部传递的隔震设计方法受到普遍重视，日趋成熟，并进入结构设计领域，得到越来越广泛的应用。随着隔震支座以及隔震体系的不断发展和完善，高层建筑也可以采用隔震的方式来进行设计，并能较好地降低地震对上部建筑层的影响。但是，一旦局部隔震支座失效，对隔震层以及上部结构的影响难以预计，可能会引发结构连续倒塌，或整体倾覆。因此，对于高层建筑结构在大震作用下的隔震支座工作表现进行研究，分析其失效退出工作的过程，以及其后续建筑结构的表现，是十分有必要的。特别是在隔震技术被越来越广泛应用的现代，支座损伤特性及倒塌模式的研究，是十分重要的课题。

1.4.3 结构连续倒塌的研究方法

结构连续倒塌的研究方法主要有两种，一种是直接模拟法[30]，另一种是替代荷载路径法[31]。

1.4.3.1 直接模拟法

直接模拟法，是指尽可能地还原整个模型倒塌过程，并根据不同的精度需求，考虑不同因素的影响。以爆炸荷载为例，首先，需要对建筑结构形式、爆炸点的位置、四周空气状况等进行建模；其次，需要对爆炸冲击荷载传播方式进行模拟；最后，要明确建筑物结构构件的相互碰撞关系等。若理论选取合理，参数设置恰当，采用直接模拟法可以很好地对建筑结构倒塌进行模拟。例如，图 1.10 为 AMIA（Israel's Mutual Society of Argentina）楼，采用直接模拟法对爆炸作用下结构倒塌进行了模拟研究[32]。

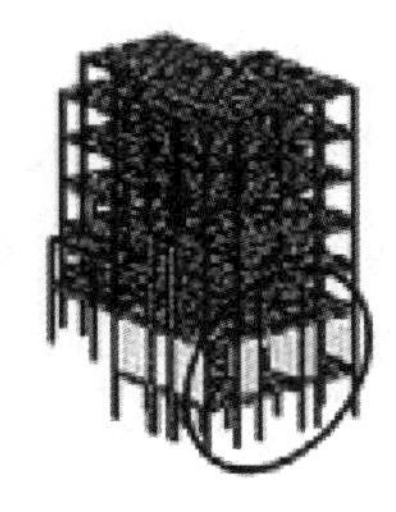

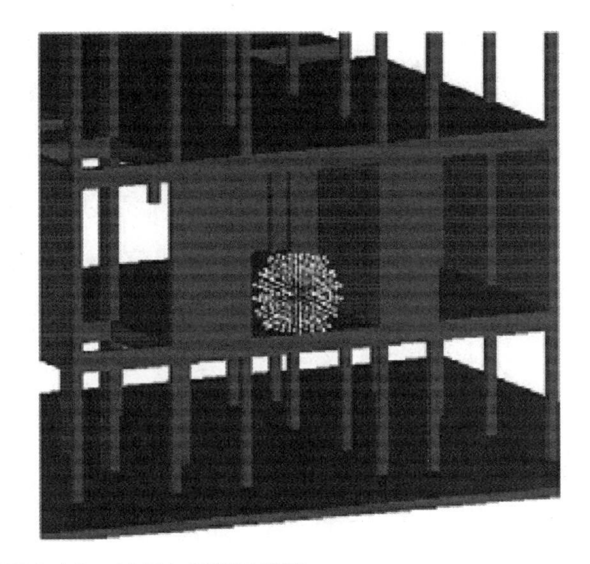

图 1.10　AMIA 楼倒塌模拟

但是，直接模拟法对精度十分敏感，细节的不同可能会造成最终结果与实际情况存在一定出入，在应用中也存在一定的难点。首先，理论要求高，该方法需要建模人员对理论知识有足够深入的了解，包括结构的动力特性、材料的非线性属性、结构和材料损伤等内容；其次，模拟难度高，对于结构初始破坏的模拟，以及整个倒塌过程中非线性动力的过程的建模具有挑战性；最后，需要编程能力，对于一些特殊的材料属性或者碰撞接触的处理，还有可能需要建模人员的额外编程处理。基于以上种种原因，直接模拟法更适用于研究途径，在工程实践中就容易欠缺实用性。

目前比较成熟的钢筋混凝土结构倒塌分析的数值方法主要有[33]：

1)基于隐式的有限单元法

基于隐式的有限单元法中，常用的有限元软件有 Ansys、Abaqus/Standard 等。采用隐式有限单元法进行结构倒塌分析，其数值计算模型一般有：塑性铰的杆单元、三维实体杆、纤维梁单元。这些模型特点各异,例如塑性铰单元使用简单且适用性强,只要采用恰当的屈服特性和滞回规则,合理考虑轴向力,计算结果与试验结果可以较好吻合;三维实体杆受制于数值计算方法,计算往往难以收敛;纤维梁单元计算结果较为精确,但精度受截面划分的不同的影响较大。一般认为,对于大型结构尤其是受周期荷载作用的结构,采用塑性铰单元是比较合适的,既能实现一定精度,又能节省一定的计算成本。

2)基于显式的有限单元法

基于显式有限单元的方法中,常用的有限元软件有 Ls-dyna、Abaqus/Explicit 等。建筑结构的倒塌往往是瞬态的,而显式有限单元法特别适用于这类问题。显式积分求解非线性动力方程不耦合,并不需要形成总体刚度矩阵进行迭代求解,同时避免了隐式积分方法求解时的收敛问题。

3)离散单元法

建筑结构倒塌是一个非连续性过程,钢筋混凝土在碰撞和倒塌的情况下会形成碎块。所以,采用离散单元法可以对失效的单元以及描述结构破坏分离后情况提供一种新的途径。日本学者 Hakuno 和 Meguro 等人,就曾成功地将离散单元运用于地震作用下钢筋混凝土结构破坏的模拟中[34]。

1.4.3.2 替代荷载路径法

替代荷载路径法的基本流程是:首先移除一根或几根主要的承重柱,如图 1.11 所示,用来作为结构的初始局部破坏,然后对剩余结构进行分析。这种方法与引起结构初始破坏的原因无关,因此对破坏后的建筑结构倒塌分析有一定的评估作用。

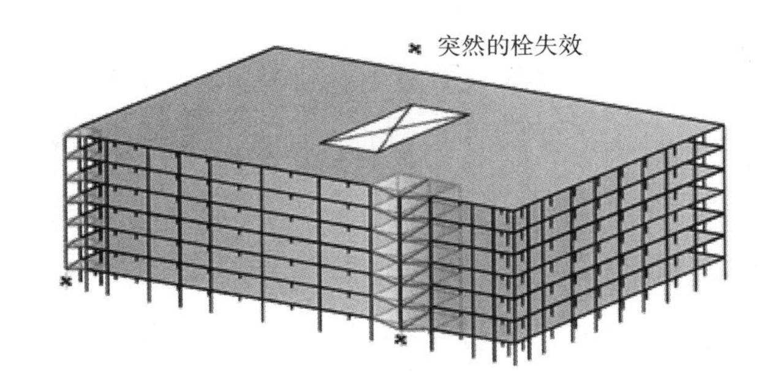

图 1.11　基于替代荷载路径法的去除承重柱后的建筑反应[35]

出于抗震概念设计和抗震设计计算上的妥协，在替代荷载路径法中采用静力线性或者非线性进行计算设计，未考虑初始破坏状态对于整个结构的影响，所以与实际情况相比，可能会有较大的出入，严格来说并不精确。但结构构件受力明确，传递路径清晰，由于相对简洁快速，实用性强，因此对于结构工程师来说是非常好的选择，英、美等国关于建筑结构倒塌方面的相关规范也是基于替代荷载路径法而制定的。

1.4.4　高层隔震结构连续倒塌的研究现状

1.4.4.1　高层隔震结构的设计难点

随着城市化进程加速，城市用地需求量与日俱增。面对用地紧张的情况，高层建筑迎合了人们对空间的使用要求，建设越来越普遍。作为一种较为成熟的减震技术，基础隔震在高层建筑中应用也是必然趋势。合理进行隔震设计，不仅能够降低上部结构的抗震设防、设计难度等，还能降低建设成本，特别是高烈度区。但是，在高层建筑中应用隔震技术，比普通多层建筑难度高。

首先，高层建筑自身的质量较大，基础隔震支座需要在不随意增大支座截面面积的同时，能够承受更大的面压，以满足设计的要求。

这对于隔震支座的材料和制作工艺来说是新的挑战。

其次，高层建筑的高宽比一般较大，所以结构的倾覆力矩也较大，倾覆的可能性增加，这样的情况容易造成隔震支座部分受拉，但是隔震支座的受拉性能和表现并不是很好，容易受拉破坏。这是大高宽比建筑包括高层建筑基础隔震设计的难点。

最后，高层建筑的自振周期较长，采用隔震技术后对结构自振周期的延长作用，相对较弱，隔震效果较难保证，且需要涉及使用水平刚度更大的隔震支座。

1.4.4.2 高层隔震建筑的时程分析法模型

时程分析法能够根据建筑的形状特性，分阶段建立更加详细、复杂的模型，是把握建筑实际运动、更加详细地确认结构设计安全性的有效方法。

时程分析模型应能够反映隔震结构的特性。所以应该根据不同的对象，考虑不同荷载输入，以及根据不同需求和计算精度的要求，来设置适当的分析模型[6]。

1）上部结构模型

上部结构一般可以采用单质点模型、多质点模型、扭转振动模型和三维空间模型等。

（1）单质点模型，如图 1.12 所示，是将上部结构的质量集中为一个质点，并用弹性杆件和地面相连，在建筑抗震设计中，一般用于单层民房或者单层厂房等简单建筑。在隔震设计中，单质点模型是可以用于考查隔震层和隔震装置动力反应的模型。

（2）多质点模型，如图 1.13 所示，是将上部结构的质量集中为多个质点，再用弹性杆件串联，在建筑抗震设计中，多层建筑可以使用多质点模型，将质量向每层的楼板处集中，这是标准的做法。按处理各层刚度的方式，还可以分为上部结构各层刚度采用弯剪型单元的方法和上部结构各层刚度采用等效剪切型单元的方法。考虑上部结构弹塑性的特性，通常采用等效剪切型模型，或是在弯剪型中只考虑剪切单元的弹塑性特性。

（3）扭转振动模型，如图 1.14 所示，是考虑水平双向输入情况的分析模型。该模型中设定各楼层在平面内为刚体，各楼板运动单元设为 u、v、θ_z，可使用弯剪型或等效剪切型模型表示各层刚度。

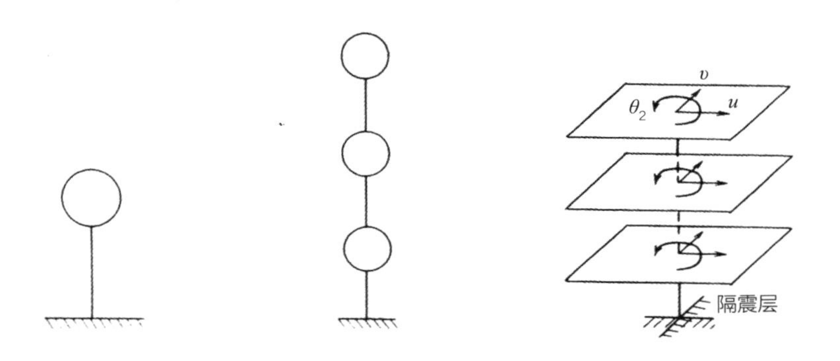

图 1.12　单质点模型　　图 1.13　多质点模型　　图 1.14　扭转振动模型

（4）三维空间模型，如图 1.15 的（a）与（b）所示，该模型能够把结构完全空间模型化，同样考虑 u、v、θ_z 运动成分，并增加了各柱位置的上下成分构筑模型，可以对抗震墙的不规则配置以及隔震支座部

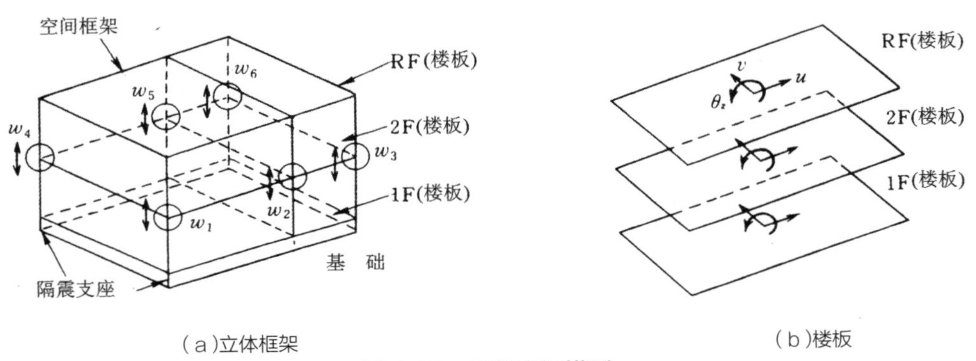

（a）立体框架　　（b）楼板

图 1.15　三维空间模型

分的提离现象进行反应分析。

当采用刚性楼板假定，即认为单个楼板平面内为刚体时，三维空间模型可以只考虑上部结构框架平面内的刚度，将其模拟成多质点模型，再把这些质点用刚性楼板假定连接起来，形成弹性或者弹塑性的空间分析模型。

如果上部结构不会进入塑性阶段，或者不会发生较大塑性变形，就可以将其看作弹性，则能够只考虑隔震支座、阻尼器等隔震装置恢复力特性的非线性进行模型化，不需不断重复建立上部结构的刚度矩阵，从而提高计算效率，且可以对上部结构梁、柱的屈服的过程进行实时追踪。

2）隔震支座模型

在水平方向，隔震支座的受力与变形的关系通常为线性，铅芯橡胶支座和高阻尼橡胶支座的水平力和水平变形的滞回曲线呈环状，所以在应用中有必要适当地进行非线性恢复力特性的模型化。最常用的模型有双线性模型，以及根据最大位移反应调整屈服力和刚度的修正双线性模型。在实际使用中应考虑其适用性，例如，具有阻尼功能的橡胶支座与天然橡胶支座相比，竖向压力相关性和速度相关性较大，若采用双线性模型模拟其滞回曲线，则误差较大；有时，修正双线性模型也有不适用的情况。

特别是在水平双向同地震作用下，考虑扭转效应分析时，橡胶隔震支座可以用方向正交的两根线性剪切弹簧来模拟，如图 1.16 所示，并应该根据隔震支座的实际个数和位置，在上部结构和下部结构之间设置这种两根为一组的弹簧。

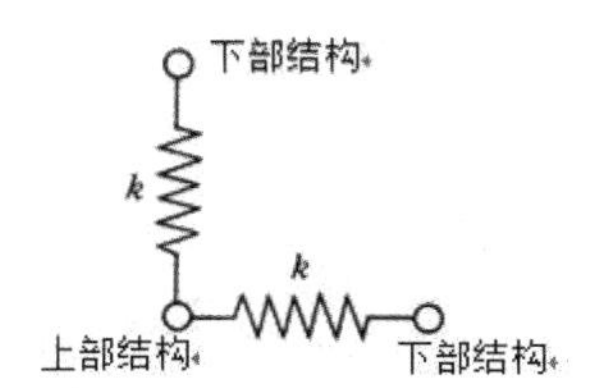

图 1.16　双向输入时隔震支座的模型化

其布置的倾斜角 θ方向的刚度可由式(1.1)求出，用来表达无方向性、弹簧刚度为常数的天然橡胶支座的性质。

$$k(\theta)=k\cos^2\theta+k\sin^2\theta=k \tag{1.1}$$

在竖直方向，隔震支座由钢板和橡胶叠合而成，支座的竖向压缩刚度非常大，几乎和底层混凝土柱的刚度相同，且不论采用什么类型的隔震支座，在没有受拉时，都可以视为处在弹性状态。因此，在研究转动或竖向振动问题时，不仅要明确竖向的力与位移之间的关系，也要考虑上部结构柱的轴向变形、基础结构，例如桩基以及地基的变形。

一般来说，在进行隔震设计时，需要尽力避免隔震支座产生拉力。但对于大高宽比的建筑结构，特别是四角位置或连续抗震墙的位置，隔震支座需要承受比长期轴力大得多的地震轴力，所以在确保安全的前提下，设计中会允许支座产生拉力，但是必须考虑隔震支座在受拉或提离时的竖向刚度非常小这一非线性特性。图 1.17 为隔震支座的竖向分析模型，拉力区域特性采用双线性或三线性等非线性弹性的模型，所以十分简洁。

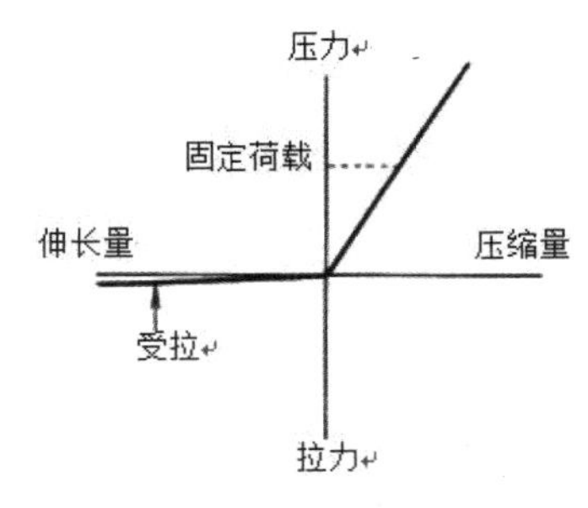

图 1.17　竖向荷载作用下隔震支座的性质

在此基础上，可以进行水平，或水平、垂直同时输入的时程反应分析，但要注意隔震支座本身和连接构件拉剪时的变形能力和强度等，这点十分重要；同时还要注意由拉伸变形转换到压缩变形时，由竖向刚度类似脉冲式加速度带来的问题，例如压缩区域的轴力最大值比弹性模型时增大很多，其屈曲安全性需要讨论。

1.5 本书的研究内容

随着生产力的发展和满足人类活动的需要，城市新建了越来越多的高层建筑，人们便希望把先进的基础隔震技术应用到高层建筑。多次实际地震也证明，高层隔震建筑在地震作用下表现优良，证实了隔震技术蕴含优势，所以在不久的将来此类建筑会越来越常见。

虽然在历次的地震中，得益于合理的设计，隔震建筑并未出现过倒塌的情况，但是，高层隔震建筑与普通的中低层建筑相比，自身周期较长，橡胶支座较难再将结构周期延长，隔震效果较不明显。上部结构在设计计算中，不可忽略弯曲变形，也需要考虑风荷载的效应。高层建筑因为高宽比过大，容易倾覆，支座有受拉破坏进而导致结构倒塌的可能性。如何面对未来未知的特大地震或者恐怖袭击的人为破坏，部分隔震支座退出工作，或者隔震层受到损伤，给上部结构带来的影响仍需要研究。若引发结构连续倒塌或者整体倾覆，其带来的生命和财产的损失也是巨大的。因此，研究单个或局部多个隔震支座、隔震层上板的损伤，分析隔震层和上部结构在支座损伤情况下的动力响应，可以为高层隔震结构连续倒塌的后续研究提供基础。

本书以单体隔震支座的损伤研究为基础，定义其拉伸和剪切两种情况下的破坏准则，再通过分析建筑结构的隔震层在支座或多个隔震支座破坏失效后的层刚度弱化情况，来探讨支座破坏对隔震层和上部结构所造成的影响。此外，本书还运用有限元软件，分析隔震层与挡墙冲撞后的上部结构的冲击效应，并通过振动台试验，分析不同隔震形式的结构对上部结构的影响。

因此，本书主体内容主要分为四个部分，总结于表 1.2 中。

表 1.2　本书主要研究内容和构成

章节	主题	研究内容
第 1 章	研究背景、意义及研究现状	国内外高层隔震结构的应用研究发展现状；简述本书主要研究内容
第 2 章	隔震支座界限性能的定义及破坏模拟	定义铅芯隔震支座在屈曲、拉伸和压剪状态下的界限性能；采用 Abaqus 有限元软件对隔震支座在大变形下的滞回性能和剪切破坏进行模拟
第 3 章	单个、局部和整体隔震支座失效对上部结构的影响	提出基于四线段的简化隔震支座模型单元，并应用于某 8 层的隔震结构中，分析隔震支座单个、局部和整体失效对上部结构的影响
第 4 章	隔震结构在与挡墙碰撞后的上部结构反应模拟	对某一上部结构为 5 层的隔震结构进行数值模拟，分析支座与挡墙碰撞后对上部结构的影响
第 5 章	不同隔震结构碰撞对上部结构影响的振动台试验研究	以该 5 层结构为研究对象，对不同形式隔震结构在不同性质的碰撞情况下上部结构的响应进行了振动台试验与对比分析
第 6 章	总结与展望	总结归纳，得出主要结论以及展望

第一部分：定义铅芯隔震支座在屈曲、拉伸和压剪状态下的界限性能；采用 Abaqus 有限元软件对隔震支座在大变形下的滞回性能和剪切破坏进行模拟。

第二部分：提出了基于四线段的简化隔震支座模型单元，并应用于某 8 层的隔震结构中，分析隔震支座单个、局部和整体失效对上部结构的影响。

第三部分：对某一上部结构为 5 层的隔震结构进行了数值模拟，

分析了支座与挡墙碰撞后对上部结构的影响。

第四部分:以该 5 层结构为研究对象,对不同形式隔震结构在不同性质的碰撞情况下上部结构的响应进行了振动台试验与对比分析。

第 2 章　隔震支座损伤分析及有限元模拟研究

2.1　隔震支座

近年来，我国相继发生了四川汶川地震、青海玉树地震、四川雅安地震等大震和特大震，以及其他规模的破坏性地震，都给当地的经济造成了巨大损失，且产生较为严重的社会影响。隔震技术作为一种较为成熟的、可以有效减轻地震反应的被动控制技术，已经开始不断应用于工程实际。基础隔震是最常用的一种，是指通过在建筑基础和上部结构之间设置隔震层，达到延长结构自振周期、改变上部结构的动力特性的目的，从而减少地震能量向上部结构输入，降低结构地震反应。

高层要想隔着结构取得较好的隔震性能，关键在于隔震装置的力学性能。所以在隔震设计时不仅要考虑延长周期和增加阻尼，还要从正常的使用条件出发，仔细考虑隔震装置的其他一些参数，比如变形能力、屈服力以及复位能力等。一个好的隔震系统不仅要能支撑上部结构，即拥有足够的竖向承载力，还要能提供额外的水平柔度和耗能能力以达到隔震的效果。此外，隔震装置还需要良好的复位能力。结构的隔震效果，是通过隔震装置组成的隔震层来延长建筑结构的振动周期，并给予较大的阻尼，大大降低结构的加速度反应来实现的。同时，对结构产生的较大位移也是由隔震层来提供，而不由上部结构自身的相对位移来承担，从而避免或大大减轻由地震作用所造成的危害。

2.1.1 隔震支座分类

隔震装置分为阻尼器和隔震支座。阻尼器的作用是消耗振动时的能量，使隔震建筑的动力反应具有衰减性能，抑制地震时上部结构与地基产生过大的相对位移。与多层橡胶组合使用的阻尼器，从工作原理方面可以分为滞回型和黏滞型两类。滞回型阻尼器是利用变形滞回消耗能量，常用的有钢阻尼器和铅阻尼器。黏滞型阻尼器是利用速度有关黏性抵抗作用，从小振幅到大振幅的变化来获得衰减力。隔震支座的种类很多，常用的隔震支座的分类如图 2.1 所示。

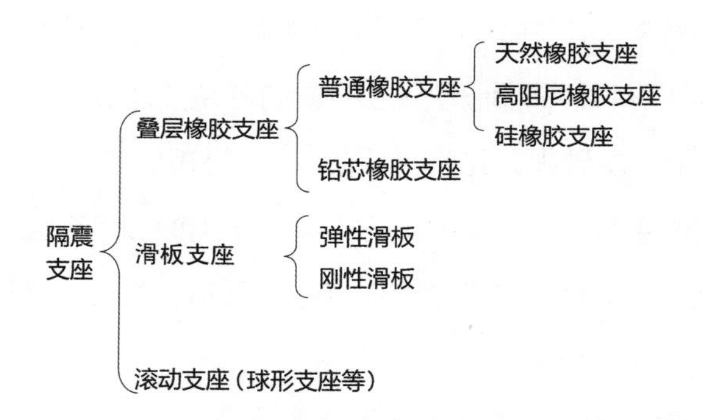

图 2.1 常用隔震支座分类

常用的隔震支座有叠层橡胶支座，包括普通橡胶支座、铅芯橡胶支座等，还有滑板支座、滚动支座等。叠层橡胶支座是由橡胶和夹层钢板分层叠合经高温硫化粘结而成的圆形块状物，具有较大竖向承载能力和较小的水平刚度，一般用于支撑结构物的质量，连接上、下部结构，起阻断地震水平运动能量向上传播的作用[36]。针对叠层橡胶支座的名称，根据材料分为“系列”，或根据形状分为“类型”[37]；其中，天然橡胶材料的应用最多，也根据需要会使用经过特殊处理的高阻尼橡胶材料，或者硅橡胶等，可以更好地吸收地震能量。

普通叠层橡胶支座，简称普通橡胶支座（RB，工程图纸中也写作 GZP），它的阻尼较小，有时在较低水平力作用下，就有可能会导致过大的变形，所以铅芯橡胶支座应运而生。1979 年，Robinson 等发明了铅芯橡胶支座（LRB，工程图纸中也写作 GZY）并用于实际工程，即普通橡胶支座中插入铅棒，橡胶支座变形时铅棒也同时发生变形来吸收地震能量，如图 2.2 所示。

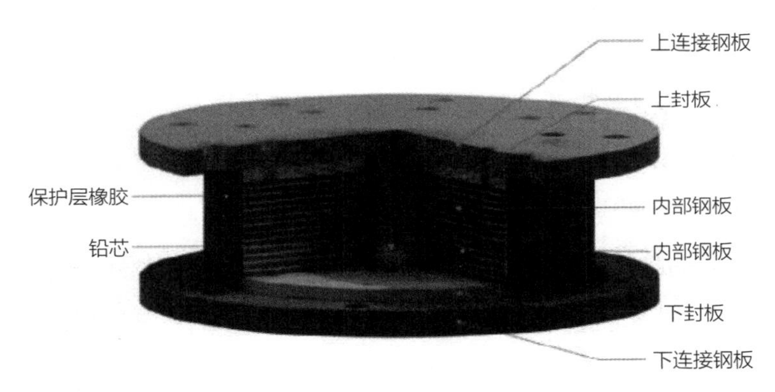

图 2.2　铅芯橡胶隔震支座构造

铅芯橡胶支座改善了叠层橡胶支座的性能，在地震作用下铅芯屈服，刚度降低，可以达到延长结构的周期的目的。因为铅芯橡胶支座具备很多优点，所以现在的应用非常广泛。其铅芯的纯度可以做到很高，力学性能比较可靠。它具有较低的屈服剪力和足够高的初始剪切刚度，对于塑性循环具有很好的耐疲劳性能。由图 2.3 叠加后的恢复力模型可以看出，铅芯橡胶支座的滞回曲线接近双线性，有利于隔震设计。

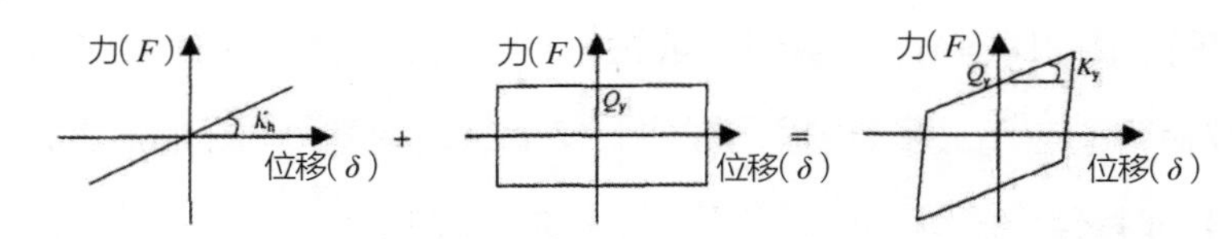

（a）天然橡胶支座恢复力模型　（b）铅芯恢复力模型　（c）叠加后的恢复力模型

图 2.3　铅芯橡胶支座的恢复力特性

2.1.2　隔震支座性能研究进展

对高层隔震结构而言，多层建筑选用的隔震支座不一定适用，或者说适用性有限，因为高层建筑本身的自振周期较长，较难被进一步延长而降低地震反应，且支座容易出现受拉的情况。对于受拉破坏的形态，目前还缺乏完备的理论或试验研究，所以规范中也只是简单地规定哪些结构需要进行倾覆验算，以及隔震层不宜出现拉应力等内容，这就限制了隔震技术在高烈度地区的推广和应用[38]。所以，适合高层建筑使用的隔震支座，仍需要进一步研究开发。

一般的隔震建筑，包括高层隔震建筑，都首选叠层橡胶支座作为隔震装置，并配合阻尼器使用。LRB 橡胶支座的应用范围最广，在理论研究和试验研究方面，都取得了丰富的成果[39]。叠层橡胶支座已成为大部分隔震建筑首选的隔震装置，且历次地震表明，采用这种隔震技术的建筑物，能够获得良好的隔震、减震效果。但是，隔震支座作为应对地震作用的结构构件，在经受复杂地震作用的情况下，有可能会产生不同情况的破坏。当前实际经验表明，隔震支座并未出现因地震作用而破坏，从而退出工作并导致上部结构的连续性倒塌和倾覆的实例。但是，面对未来可能遇到的特大级地震或者由人为因素所导致的隔震支座的破坏，我们有必要对其有充分的研究，确保人身财产的安全。

1964 年，Lindley 提出了橡胶隔震支座在纯压缩状态下极限应力可以达到 160 MPa，纯拉伸状态下的极限应力可以达到 1.4~2.8 MPa[40]。1982 年 Gyeong Hoi Koo 通过分析形状系数对屈曲荷载的影响，证明铅芯橡胶支座的水平刚度变化对结构影响很大[41]。1991 年，高山峰夫、多田英之对直径 500 mm 的橡胶隔震支座进行了极限压缩试验，试验结果表明在压缩应力接近 150 MPa 时破坏，极限破坏时的荷载接近理论屈曲荷载的 2 倍[42]。1996 年，刘文光、周福霖对直径 200 mm 的橡胶隔震支座进行了极限压缩的破坏试验，当竖向应力达到 120 MPa 时，橡胶支座仍然没有破坏[43]。

高层基础隔震建筑的隔震效果与隔震支座的水平刚度有极大关系。日本自 1995 年 1 月 17 日神户地震之后隔震结构的研究和应用得到了较快发展，同时隔震支座也由中硬度橡胶支座逐渐过渡到低硬度橡胶支座，橡胶剪切弹性模量由 0.80 MPa 逐渐降低到 0.35 MPa。2000 年一年间接近 90%的新建隔震建筑采用低硬度橡胶隔震支座[44]。低硬度橡胶隔震支座可以进一步有效地降低结构的地震反应，更适合高层隔震建筑。

日本各公司已投入了很大的力量进行新型隔震橡胶支座的研发。其中普林司通和竹中工务店共同开发适用于高层建筑的隔震橡胶支座[24]。该支座特点是在橡胶材料中加入了碳素等物质，改进了原料的产品性能。这种橡胶材料已经申请了专利。它比普通产品的压缩变形以及抗拉强度有大幅度提高，承载荷载可达 2000 t，而一般的产品的承载荷载只有 1000 t 左右；可承受的拉应力能达到 2.5 MPa 以上，为普通支座的 2 倍以上。该产品直径可达 1600 mm，是目前规格最大的橡胶支座。这种高强度隔震支座可用于建筑物高宽比介于 3~6 之间，高度在 60~150 m 的高层建筑[45]。

2002 年，刘文光等学者对低硬度橡胶隔震支座的性能进行了系统的试验开发及理论研究[46]，为验证低硬度橡胶隔震支座的性能进行了分析。计算分析时采用 El Centro 地震波进行结构地震反应分析，分别做了 G6 和 G4 橡胶隔震支座的水平刚度计算。结果表明低硬度橡胶隔震支座具备理想的竖向及水平性能，竖向刚度、水平刚度和阻尼特性稳定，且隔震性能更为有效，将结构的周期进一步延长了近 20%。

2003 年，熊世树采用纤维单元有限元模型对铅芯橡胶隔震支座进行分析，得出其水平与竖向的滞回曲线，与预测结构能够较好吻合，可用于隔震支座与上部结构动力反应分析[47]。2006 年何文福[48]等学者对铅芯橡胶支座的恢复力模型滞回特性进行了研究，提出“扁环”效应，很好地描述了铅芯橡胶支座的应变滞回特性，可用于精确的非线性时程分析。

同年，韩强[49]等人对天然橡胶支座和天然橡胶支座的竖向性能进行了试验研究，分析其压缩剪切变形状态下偏压竖向刚度以及竖向变形量等特性。证明随着剪切变形的增加，橡胶支座的竖向刚度逐渐减小，所以单纯的压缩竖向刚度不足以全面反应橡胶隔震支座的竖向压缩性能。

2007 年，中国建筑科学研究院的曾德民对铅芯隔震组合支座的水平和竖向刚度进行研究，对单个和组合隔震支座的水平和竖向刚度、阻尼比等特性进行了对比分析，认为隔震支座的刚度主要由较小的支座决定[50]。

2011 年，何文福、刘文光等人对普通橡胶支座、铅芯橡胶支座和厚层橡胶支座的基本力学性能进行了试验研究[51]。传统的橡胶支座和铅芯橡胶支座的水平和竖向刚度的试验值和理论值误差较小，可以采用理论分析；厚层橡胶支座具有较大的竖向变形能力，可以用于简单设备的三维减震，但理论与试验所得刚度的误差较大。

2012 年，沈朝勇等人[52]对超低硬度的天然橡胶支座和铅芯橡胶支座进行了竖向刚度、水平剪应变下竖向静刚度、连续剪切位移下支座附加竖向变形的试验研究和对比，证明铅芯橡胶支座在不同剪应变状态下竖向静刚度随应变没有明显的变化规律，且试验与理论所得支座刚度在大应变时误差较大。

2014 年，上海大学的刘阳对高层隔震结构地震响应及隔震支座损伤进行了研究[53]。不仅建立了高层隔震结构地震响应分析的单纯质点模型，还根据 108 个隔震支座破损试验结果，统计分析了支座的极限剪切应变、形状系数与支座直径之间的关系，同时计算损伤数值，并采用数值模拟的方法考查了支座屈服力系数、硬化位移对支座损伤的影响。

2015 年，广州大学的刘琴对橡胶支座进行了拉剪试验，用以研究橡胶支座在不同剪切变形下的拉伸性能[54]，证明叠层橡胶支座屈服后仍能承受一定小变形作用，但较损伤前降低很多，且其破坏一般是由于橡胶被拉坏或剪拉破坏，其钢板很少发生自身破坏或粘结破坏。

同年，吴忠铁研究了铅芯橡胶支座的端部水平方向的动静剪力之间的关系，认为支座的参数对其端部水平动静比有影响，且屈服后刚度与屈服后刚度比对其影响比较明显[55]。

2019 年，马玉宏等人[56]针对铅芯橡胶支座进行了模拟地震振动台动力试验，并与拟静力分析结果进行对比，研究其在不同剪应变作用下的滞回曲线、屈服力及屈服后刚度等的变化规律，结果表明拟静力试验得出的参数结果偏于不安全，并进行了修正。

2020 年，薛素铎、高佳玉等人[57]针对高阻尼隔震橡胶支座进行了竖向压缩性能试验、水平剪切性能试验、水平剪切相关性试验和极限剪切性能试验，试验结果表明高阻尼隔震橡胶支座的剪应变和压应力的变化对支座水平等效刚度和等效阻尼比的影响较大。

可以总结得出，目前橡胶隔震支座界限性能的研究主要集中在三个方面，分别是压缩界限特性（包含屈曲界限）、拉伸界限特性和压缩剪切界限性能。另外还有耐久性能等方面的研究，以及新型抗拉、限位支座的开发等内容。本书以铅芯橡胶隔震支座为研究对象，结合实际使用的情况，总结铅芯橡胶支座的界限性能，通过 Abaqus 有限元分析其界限力学性能，并针对铅芯橡胶支座在压缩剪切状态下的破坏情况进行模拟，为今后研究隔震结构破坏提供理论依据。

2.2 橡胶隔震支座的损伤模型

2.2.1 橡胶隔震支座的损伤模式

根据文献内容，结合隔震支座受力特性，我们可将铅芯橡胶隔震支座的破坏类型简单分为以下几种：

（1）隔震支座屈曲损伤，即受压状态的破坏。

（2）隔震支座受拉损伤，即受拉状态的破坏。

（3）隔震支座压剪损伤，即压剪状态的破坏。

由于铅芯隔震支座竖向刚度足够，即在受压方面表现优异，可以承受远高于设计应力即 10 MPa 的竖向荷载，所以在实际情况中出现压缩界限破坏的可能性较低，所以本书对压缩界限破坏的情况暂不进行讨论。

2.2.1.1 橡胶隔震支座的屈曲损伤

根据文献[6]，叠层橡胶支座的水平刚度 K_{H}，可以根据水平力和竖向压力同时作用于弹性体时产生屈曲的情况，按照式（2.1）求出。

$$K_{\mathrm{H}}=\frac{P^{2}}{2k_{\mathrm{r}}q\tan(\frac{qH}{2})-PH} \tag{2.1}$$

式中：P——压缩荷载；

q——$q=\sqrt{\frac{P}{k_r}(1+\frac{P}{k_r})}$，为在 Haringx 弹性理论中解微分方程时定义的一个中间参量；

H——橡胶层和夹层薄钢板的总厚度，$H=T_r+T_s$，其中 T_s 为全部夹层薄钢板的总厚度，T_r 为全部橡胶的总厚度；

k_r——橡胶弯曲刚度；

k_s——橡胶剪切刚度。

式中的剪切刚度 k_s 和弯曲刚度 k_r 可由式（2.2）求出。

$$k_s=GA\frac{H}{T_r}\qquad k_r=E_{rb}I\frac{H}{T_R} \tag{2.2}$$

式中：G ——剪切弹性模量；

A ——支座截面面积；

T_r ——橡胶层数 n 与每层橡胶厚度 t_r 的乘积，$T_r=nt_r$；

I ——截面惯性矩；

E_{rb}——体积弹性模量修正后的压弯弹性模量，$E_{rb}=\frac{E_rE_b}{E_r+E_b}$，其中 E_b 为体积弹性模量，E_r 为压弯弹性模量。

压缩弯曲时的橡胶支座弹性模量可由式（2.3）计算。

$$E_r=3G\left(1+\frac{2}{3}\kappa S_1^2\right) \tag{2.3}$$

式中：κ ——橡胶硬度修正系数；

S_1——橡胶支座第一形状系数，反映橡胶受压面积与侧面积的比值，$S_1=\frac{\pi D^2/4}{Dt_r}=\frac{D}{4t_r}$，其中 D 为橡胶支座直径。

当式（2.1）中的橡胶支座的 $K_H=0$，即 $qH=\pi$ 时，可以求得屈曲荷载 P_{cr} 的计算公式为：

$$P_{cr}=\frac{1}{2}k_s\left[\sqrt{1+\frac{4\pi^2k_r}{H^2k_s}}-1\right] \tag{2.4}$$

把式（2.2）中的 k_s、k_r 代入式（2.4），并考虑 $E_r\cong 2G\kappa S_1^2$，

$D=S_2T_R$，可以得出计算公式：

$$P_{cr}=\frac{1}{2}GA\frac{H}{T_r}\left[\sqrt{1+\frac{\kappa\left(\pi S_1S_2T_r/H\right)^2}{2\left(1+2\kappa S_1^2G/E_b\right)}}-1\right] \quad (2.5)$$

式中：S_2——橡胶支座第二形状系数，反映橡胶直径与橡胶层总厚度的比值 $S_2=\frac{D}{nt_r}$。

式（2.5）中，平方根内的 $S_1^2S_2^2$ 非常大，所以可以近似用式（2.6）表示屈曲应力 σ_{cr}。

$$\sigma_{cr}=\frac{P_{cr}}{A}=\frac{1}{2}G\frac{H}{T_r}\sqrt{\left[\pi S_1S_2\frac{T_r}{H}\right]^2\frac{\kappa}{2\left(1+2\kappa S_1^2G/E_b\right)}}=\zeta GS_1S_2 \quad (2.6)$$

式中：ζ——橡胶硬度修正系数，可用式（2.7）计算。

$$\zeta=\pi\sqrt{\frac{\kappa}{8\left(1+2\kappa S_1^2G/E_b\right)}} \quad (2.7)$$

橡胶支座是采用多层橡胶与钢板交互叠置，再经高温高压硫化制成，以目前的制作工艺，在竖向压力作用下，支座内部的橡胶和钢板难以保持完全平行，所以一般来说橡胶支座将首先屈曲，其后才是进入压缩破坏状态。研究表明，橡胶支座的水平刚度会随着压缩应力的增大而逐渐减小，直到水平刚度为 0，此时支座承担的压缩应力，则可以认为是橡胶支座的屈曲荷载，此时的应力即可以认为是支座的屈曲应力。简言之，可以认为当隔震支座的水平刚度降为 0 或者成为负值时，橡胶支座发生屈曲性质的破坏。

2.2.1.2 橡胶隔震支座的受拉损伤

在拉伸状态下，橡胶直走的弹性拉伸界限应力及极限拉伸应力主要与橡胶和钢板的粘结性能及橡胶材料的性能相关。橡胶隔震支座拉伸状态的刚度计算公式为式（2.8）[58]。由该式可以看出，当 $q_tH\to\pi$ 时，式（2.8）趋于 0，即水平刚度 K_H 趋近于 0 的临界条件

为 $q_t H = \pi$ 。

$$K_H = \frac{P^2}{2k_{rt}q_t \tan(\frac{q_t H}{2}) + PH} \tag{2.8}$$

式中：q_t —— $q_t = \sqrt{\frac{P}{k_{rc}}\left(1+\frac{P}{k_s}\right)}$；

k_{rt}——受拉时的橡胶体弯曲刚度。

将屈曲条件代入式(2.8)，可得橡胶支座纯拉伸状态下的屈曲荷载 P_{tr} 为：

$$P_{tr} = \frac{1}{2}k_s\left(1+\sqrt{1+\frac{4k_{rt}}{k_s}\left(\frac{\pi}{H}\right)^2}\right) \tag{2.9}$$

橡胶支座拉伸状态下弯曲刚度 k_{rt} 为：

$$k_{rt} = E_{rbt}I \tag{2.10}$$

式中：E_{rbt}——受拉情况下体积弹性模量修正后的压弯弹性模量，$E_{rbt} = \frac{E_{rt}E_b}{E_{rt}+E_b}$ 。

E_{rt} 为拉弯弹性模量，计算方法为：

$$E_{rt} = 0.6G\left(1+\frac{2}{3}\kappa S_1^2\right) \tag{2.11}$$

对式(2.9)整理后得到拉伸界限应力为：

$$\sigma_{tr} = \zeta_t \cdot S_1 \cdot S_2 \cdot G \tag{2.12}$$

式中橡胶的硬度修正系数 ζ_t 可用式(2.13)计算。

$$\zeta_t = \pi\sqrt{\frac{\kappa}{40(1+0.4\kappa S_1^2 \frac{G}{E_b})}} \tag{2.13}$$

橡胶支座的竖向拉伸性能并不强，初期拉伸刚度与压缩刚度的比值为 1/10~1/5，在单纯拉伸或剪切变形状态下，当拉伸应力达到 1~2 MPa 时支座就达到屈服，进入非线性变形阶段。在受拉初期，支座的拉伸应变约为 0.35%，随着加载进程拉伸应变增加，拉伸竖向刚度也显著降低；在拉伸应变接近 3.00%时，橡胶支座达到屈服。

典型的竖向拉伸行为如图 2.4 所示。从图中可以看出:首先,在受拉初期,即 OA 阶段,橡胶隔震支座的竖向拉伸刚度较小,线段 OA 可近似认为是直线,刚度不变,即拉力与位移呈线性关系,表现出弹性的特征。然后,在到达 A 点之后进入塑性,拉力不增大时位移不断增大,曲线斜率减小,即刚度急剧下降且逐渐趋近于零,橡胶隔震支座拉伸屈曲, A 点对应的拉力 P_{Ts} 即称为屈服拉力。再次,继续施加拉力,曲线斜率逐渐增大,这是由于橡胶开始硬化,导致橡胶隔震支座的竖向拉伸刚度开始变大,进入强化的阶段。最后,达到 B 点,橡胶支座发生拉伸破坏,B 点对应的拉力 P_{Tb} 即称为破坏拉力。

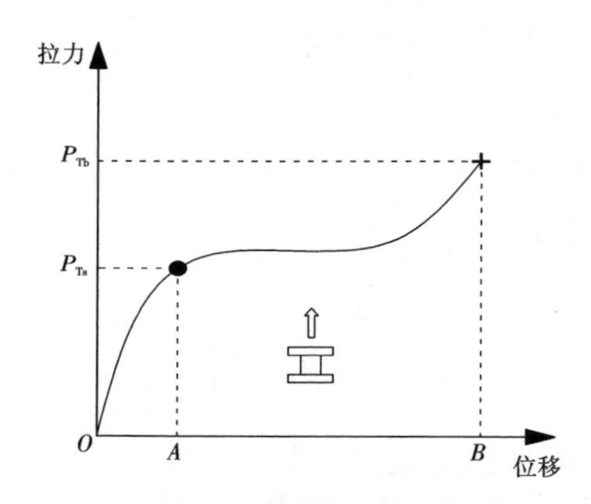

图 2.4　隔震支座的竖向受拉行为[58]

根据图 2.4,由于橡胶硬化的关系,隔震支座在屈服后仍可以继续承载,但在此阶段,支座在拉力增加很小的情况小会发生很大的位移,所以在实际设计中,出于安全的考虑,橡胶支座的设计拉力或者拉应力应确定在 A 点对应的拉力或拉应力的位置,以保证留有足够的安全储备。

2.2.1.3　橡胶隔震支座的压剪损伤

橡胶支座在承担上部竖向荷载的同时承受剪力,剪力和水平变形的关系如图 2.5 所示。图中表达了几种类型的滞回曲线。以滞回曲线 a 为例，在达到一定的变形状态之前，剪力随水平变形而增大，而水平刚度保持稳定；但达到之后，支座的水平刚度逐渐增大，这种变化趋势是由于橡胶材料的硬化导致的。另外，从图中可以看出，当水平变形达到 220 mm 左右时，支座的刚度会有明显的提高；当水平变形达到 δ_{br} 时，可导致橡胶层破裂。此时，钢板层与橡胶层之间的粘结强度不足以支撑破坏性水平变形造成的剥离现象。

本书认为，当水平变形达到 300%时，刚度会出现较为明显的上升，即橡胶开始发生硬化现象，同时会使得橡胶隔震支座出现损伤；当水平变形达到 400%时，会出现钢板层和橡胶层脱离的现象，使得橡胶隔震支座发生破坏，丧失继续使用的功能。

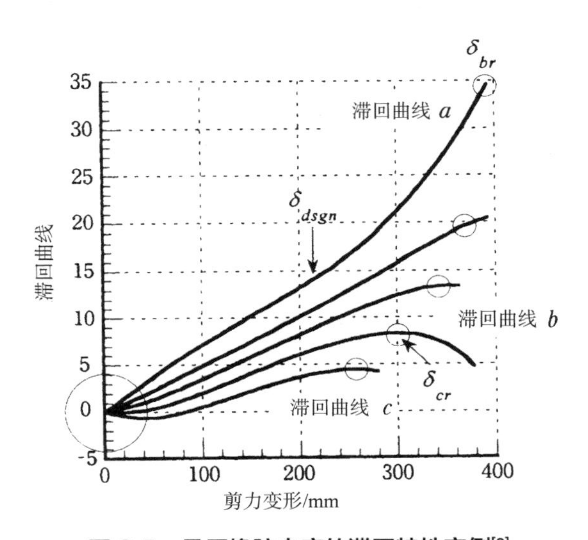

图 2.5 叠层橡胶支座的滞回特性实例[6]

2.2.2 橡胶隔震支座的有限元模型

本书选择直径为 600 mm 的铅芯橡胶隔震支座进行建模，如图 2.6 所示，记简称为 LRB600，其剪切模量 G 为 0.39 MPa，橡胶支座设计几何尺寸和支座各参数见表 2.1。考虑铅芯橡胶隔震支座在压剪作用下的具体情况，将采用 Abaqus 的 Standard 的有限元单元对其水平力学性能进行模拟，并提出适合大变形的橡胶隔震支座参数。

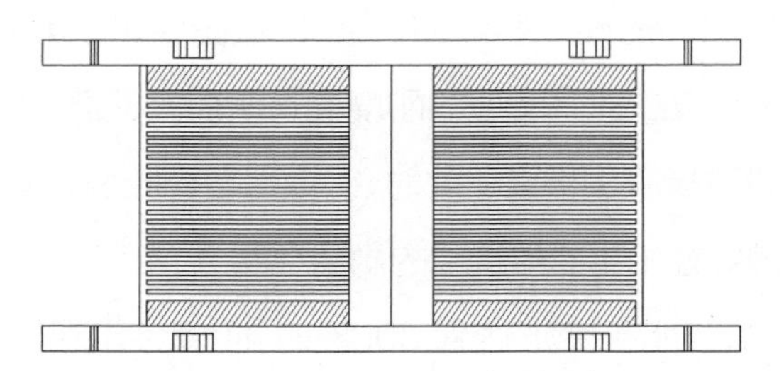

图 2.6 LRB600 铅芯橡胶隔震支座

表 2.1 橡胶隔震支座相关参数

型号	直径（mm）	铅芯（中孔）直径（mm）	内部橡胶 $n \cdot t_r$（mm）	内部钢板 $n \cdot t_s$（mm）	总高度（mm）	第一形状系数 S_1	第二形状系数 S_2
LRB600	600	120	26×4.5	25×3	276	33.33	5.13

注：LRB600 的 100%水平剪切应变为 117 mm，面积为 282 743.33 mm^2。

2.2.2.1 单元定义

根据隔震支座的内部构造特征，采用 C3D8 单元定义上、下连接板和封板、钢板和铅芯较为合理。橡胶是一种典型的非线性材料，并且具有非压缩等超弹性特性，所以本书采用杂交单元（Hybrid）C3D8H 来定义橡胶层。

2.2.2.2 材料定义

铅芯橡胶支座主要由橡胶、铅芯、薄钢板组成。其力学性能主要取决于橡胶和铅芯两种材料的性质。

1）橡胶

典型的橡胶材料的应力-应变行为是弹性的，但具有高度的非线性，因此可以认为橡胶是一种可压缩性非常小的超弹性材料。在 Abaqus 中，超弹性材料不是用弹性模量和泊松比来进行描述的，而是用

应变势能 U 来表示超弹性材料的应力-应变关系，其中包括：Ogden 模型、Arruda-Boyce 模型、Van der Waals 模型、Marlow 模型、多项式模型以及其简化模型，比如 Mooney-Rivlin 模型、Neo-hookan 模型、Yeoh 模型和简化多项式模型。

一般情况下，采用 Mooney-Rivlin（MR）模型来模拟橡胶材料的力学性能[4—6]，但经过反复调试后发现，仅采用 MR 模型的隔震支座在大变形情况下不能实现橡胶的刚度硬化现象。因此，同时采用其他模型来模拟隔震支座的损伤状态是合理的。根据文献[61]和调试结果，本书选择了三阶多项式模型进行仿真，即采用 polynomial 的三阶多项式模型，其应变势能的多项式形式可以表达为：

$$U=\sum_{i+j=1}^{N}C_{ij}(\overline{I}_1-3)^i(\overline{I}_2-3)^j+\sum_{i=1}^{N}\frac{1}{D_i}(J_{el}-1)^{2i} \qquad (2.14)$$

式中：U——应变势能；

J_{el}——弹性体积比；

$\overline{I}_1$、$\overline{I}_2$——材料的扭曲度量；

C_{ij}——用以描述材料的剪切特性的参数；

D_i——用以描述体积的可压缩性的参数。在本书中，认为橡胶是完全不可压缩的，因此所有的 D_i 值均设为 0。

三阶模型所采用的参数见表 2.2。

表 2.2　三阶多项式模型参数

橡胶模型	多项式参数（MPa）	橡胶模型	多项式参数（MPa）
C_{10}	0.193 407 00	C_{21}	0.193 407 00
C_{01}	-0.000 144 90	C_{12}	0.000 179 40
C_{20}	-0.000 807 30	C_{03}	-0.000 003 45
C_{11}	0.000 179 40	D_1	0
C_{02}	-0.000 003 45	D_2	0
C_{30}	0.000 692 79	D_3	0

2)钢板

钢材的模拟参数为:弹性模量取为 20 600 MPa,泊松比取为 0.3;屈服力取为 235 MPa,切向模量取为 0。

3)铅

在双线性各向同性强化模式的模拟中,铅被认为是一种理想的弹塑性材料,其切向模量取 0,剪应力取 13.5 MPa,弹性模量取 16.46 GPa,泊松比取 0.44。铅芯隔震支座有限元模型如图 2.7 所示。

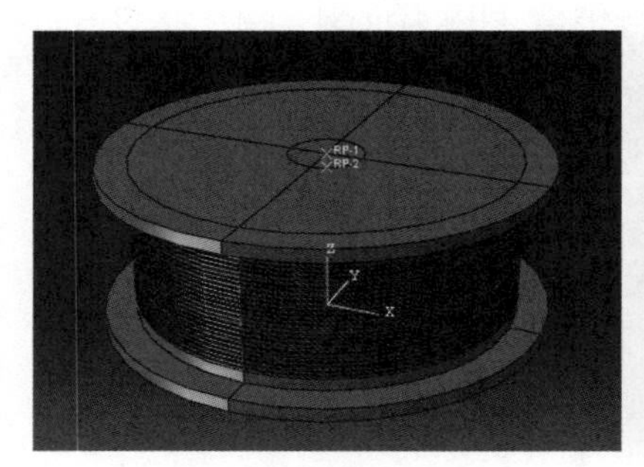

(a)装配模型　　(b)网格模型

图 2.7　铅芯隔震支座有限元模型

2.2.2.3　接触和约束的设置

采用 Abaqus 的 Standard 单元对铅芯橡胶支座的力学性能进行分析时,由于不考虑材料的失效破坏,所以各接触面之间的关系均采用 tie 方式连接,且支座底部的 6 个自由度均受到约束。考虑到实际试验的加载情况,在此将支座顶部加载面即加载板定义为刚体,设置其为在水平方向上只有一个运动自由度。

2.2.2.4　加载工况及数据分析

此处采用位移加载法对压剪条件下的橡胶隔震支座进行数值模拟,在垂直方向施加 12 MPa 压力, 6 种工况中水平方向施加的剪应变分别为 50%、100%、150%、200%、300%和 400%。加载曲线如

图 2.8 所示，数值模拟所得的力-位移曲线如图 2.9 所示。

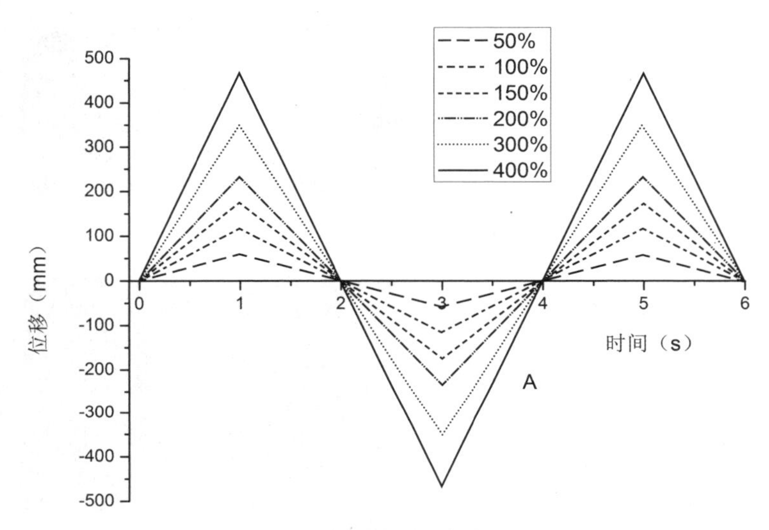

图 2.8　模拟加载曲线

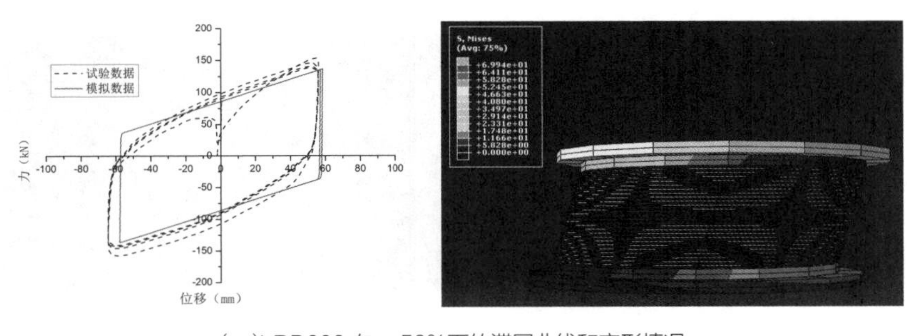

（a）LRB600 在 γ=50%下的滞回曲线和变形情况

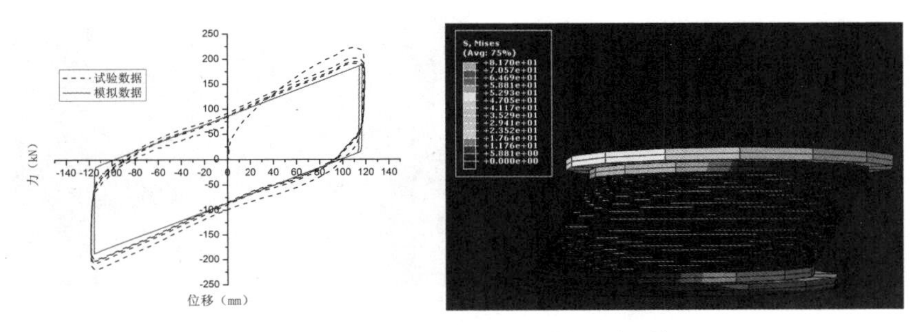

（b）LRB600 在 γ=100%下的滞回曲线和变形情况

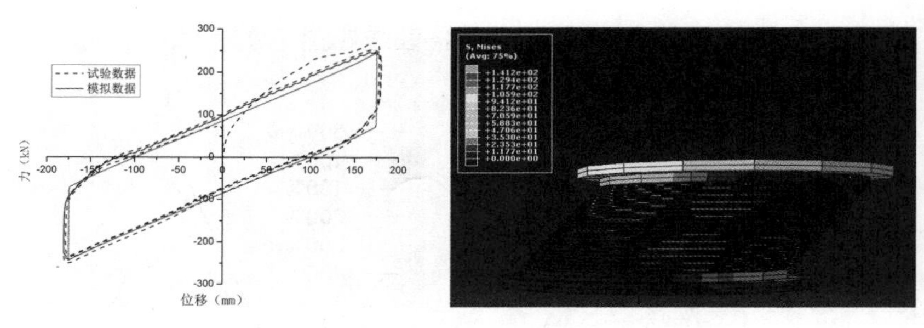

（c）LRB600 在 γ=150%下的滞回曲线和变形情况

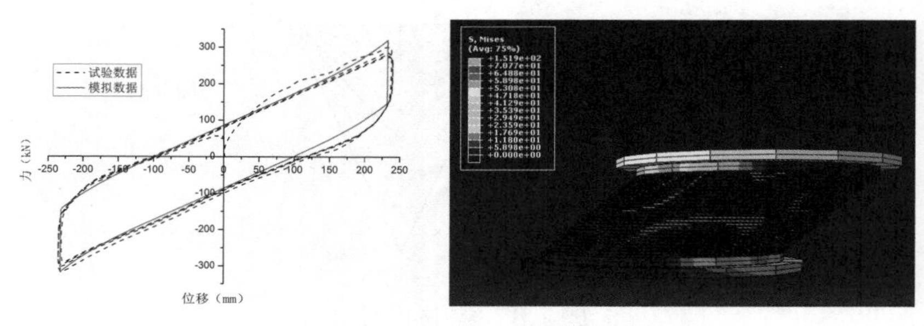

（d）LRB600 在 γ=200%下的滞回曲线和变形情况

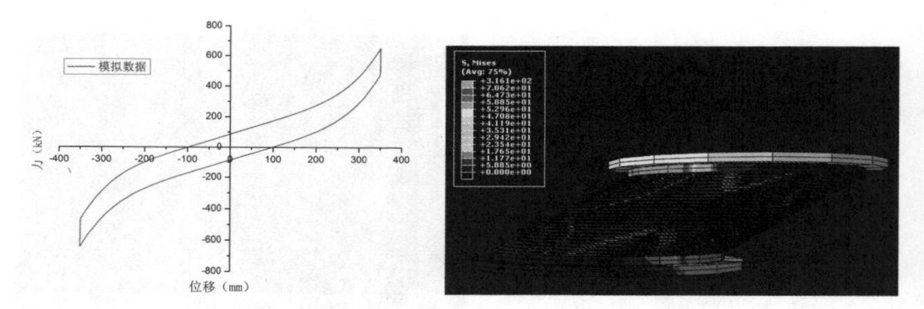

（e）LRB600 在 γ=300%下的滞回曲线和变形情况

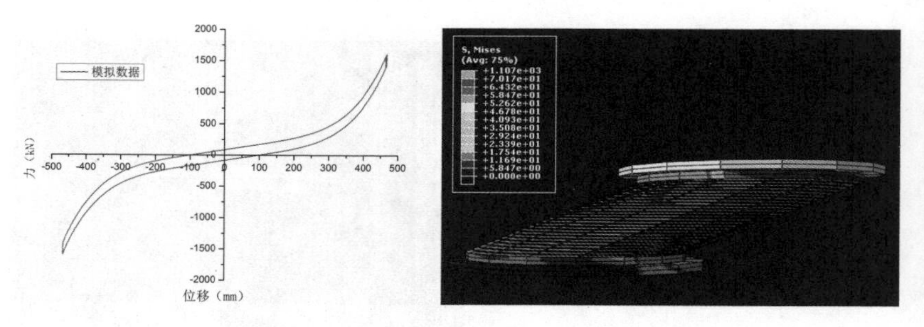

（f）LRB600 在 γ=400%下的滞回曲线和变形情况

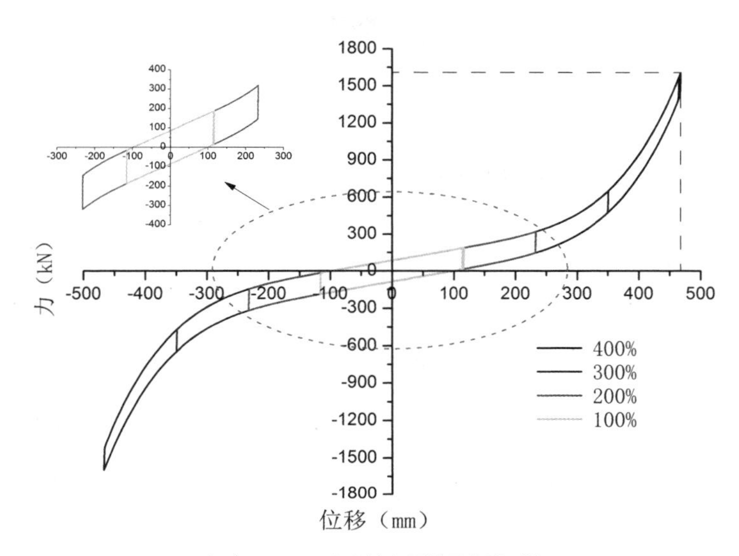

（g）LRB600 支座的水平滞回曲线对比

图 2.9　不同工况下 LRB600 支座的滞回曲线和变形

从图 2.9 的分析可知，在剪切变形达到 400%时，水平推力可达到 1 607.08 kN。与试验数据相比较，采用 polynomial 三阶模型能较好地模拟铅芯橡胶隔震支座在较小水平变形，即剪切变形 50%~200%下的滞回特性，如图 2.9 的（a）（b）（c）与（d）所示。同时，在水平大变形，即剪切变形 300%~400%情况下，该模型也能较好地反映橡胶在大变形情况下的刚度硬化现象特征，如图 2.9 的（e）与（f）所示，为后续模拟铅芯橡胶隔震支座的破坏情况提供了一定的依据。

2.3　隔震支座压剪状态下破坏失效的模拟

为了模拟隔震支座在压剪状态下的单元破坏并失效退出工作的状态，采用 cohesive 单元来模拟实际隔震支座橡胶层和钢板层之间的硫化作用。由于 cohesive 单元的破坏失效需要采用动力分析的计算模块，因此在这部分的计算模拟中，采用 Abaqus 的 Explicit 模块即显式单元进行分析。

2.3.1 数值模拟基本理论

2.3.1.1 显式积分方法

Abaqus 的 Explicit 模块应用中心差分方法对运动方程进行显式的时间积分[62]，应用一个增量步的动力学条件计算下一个的动力学条件。用程序求解动力学平衡方程可以表示为用节点质量矩阵 M 乘以节点加速度 $\ddot{u}$ 等于节点的合力，即所施加的外力 P 与单元内力 I 之间的差值，见式(2.15)；在当前增量步开始的 t 时刻，其节点加速度也可计算，见式(2.16)。

$$M\ddot{u} = P - I \tag{2.15}$$

$$\ddot{u}\,|_{(t)} = (M)^{-1} \cdot (P - I)\,|_{(t)} \tag{2.16}$$

由于显式算法总是采用一个对角的或者集中的质量矩阵，所以求解加速度并不复杂，不必同时求解联立方程。任何节点的加速度完全取决于节点质量和作用在节点上的合力，使得节点的计算成本非常低。

对加速度在时间上进行积分采用中心差分方法，在计算速度变化时假定加速度为常数。应用这个速度的变化值加上前一个增量步中心的速度来确定当前增量步中点的速度，以及增量步结束时的位移，分别见式(2.17)和(式 2.18)。

$$\dot{u}\,|_{(t+\frac{\Delta t}{2})} = \dot{u}\,|_{(t-\frac{\Delta t}{2})} + \frac{(\Delta t\,|_{(t+\Delta t)} + \Delta t\,|_{(t)})}{2}\ddot{u}\,|_{(t)} \tag{2.17}$$

$$u\,|_{(t+\Delta t)} = u\,|_{(t)} + \Delta t\,|_{(t+\Delta t)}\,\dot{u}\,|_{(t+\frac{\Delta t}{2})} \tag{2.18}$$

显式时间积分方法特别适用于求解高速动力学事件，它依靠许多小的时间增量来获得高精度的解答。如果事件持续的时间非常短，则可能得到高效率的解答。显式方法容易模拟接触条件和其他一些极度不连续的情况，并且能够逐个节点求解而不需迭代和收敛准则，且不需要整体切向刚度矩阵。

2.3.1.2　Explicit 单元的适用性

Abaqus 的 Explicit 单元一般适用于以下情况：

1)高速动力学问题

显式动力学方法最初是为了采用隐式方法(如 Abaqus 的 Standard)分析可能极其耗时的高速动力学问题，例如钢板在短时爆炸荷载下的响应。巨大荷载的迅速施加会导致结构动力响应急速变化，所以精确地跟踪板内的应力变化即应力波非常重要。由于应力波与系统的最高阶频率相关联，因此为了得到精确解答需要很小的时间增量。

2)复杂接触问题

Explicit 单元能够比较容易地分析包括较多独立物体相互作用的复杂接触问题，尤其是特别适合于分析冲击荷载作用下结构内部发生复杂相互接触作用的瞬间动态响应问题。

3)复杂后屈曲问题

Explicit 单元能够比较容易地解决不稳定的后屈曲问题。随着加载进行，结构的刚度会发生剧烈变化，且后屈曲响应常常会受到接触相互作用的影响。

4)高度非线性的准静态问题

由于各种原因，Explicit 单元常常能够有效地解决某些本质静态的问题，比如薄板成形问题，包含非常大的膜变形、褶皱和复杂的摩擦接触条件这类准静态过程模拟问题。

5)材料退化和失效

在隐式分析程序中，材料的退化和失效常常导致严重的收敛困难，但是 Abaqus/Explicit 却能够通过完全去除的方式来很好地模拟。以混凝土开裂的材料退化模拟为例，拉伸裂缝会导致材料刚度变为负值；再如金属的延性失效模型，其材料刚度能够退化并且会降为负值。

2.3.1.3 cohesive 单元

在橡胶层和钢板层层间，需要定义一个新的区域，采用 cohesive 单元[22]模拟，其主要的功能就是连接上下两个单层，起到粘结的作用。粘结面上的作用力分为三种，分别是法向的正应力 t_n、切向力 t_s 和 t_t。其定义如式（2.19）所示。

$$\begin{aligned} \int_0^{\delta_n^{\max}} t_n(\delta)d\delta_n &= G_C^n \\ \int_0^{\delta_s^{\max}} t_s(\delta)d\delta_s &= G_C^s \\ \int_0^{\delta_t^{\max}} t_t(\delta)d\delta_t &= G_C^t \end{aligned} \tag{2.19}$$

式中 G_C^i（$i=n,s,t$）为临界应变能释放率，其数值为图 2.10 中曲线下面积，即 cohesive 单元本构关系中曲线与坐标轴所围成的面积。在图 2.10 所示的本构关系模型中，当 $\sigma=\sigma_c$ 时，材料屈服，在此之前，变形 $\delta<\delta_0$；而当 $\delta=\delta_{\max}$ 时，材料开裂，或者说 $\delta \geqslant \delta_{\max}$ 时，表示材料已经失去了承载能力，相当于粘结区域发生破坏。

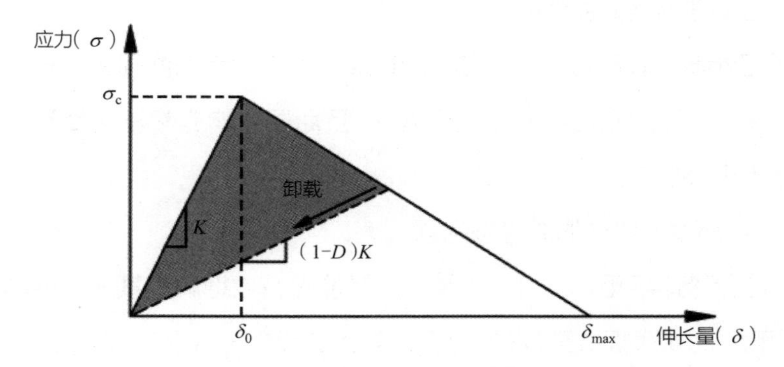

图 2.10　cohesive 单元本构关系

则在粘结区域的某厚度 T_c 内，其相应的三个应变为：

$$\varepsilon_n=\frac{\delta_n}{T_c}\text{，}\varepsilon_s=\frac{\delta_s}{T_c}\text{，}\varepsilon_t=\frac{\delta_t}{T_c} \tag{2.20}$$

当 $\delta<\delta_0$ 时，材料处在线弹性阶段，此时，t_i、应变 ε_i 与各项刚度 K_{ii} 的关系见式（2.21）。

$$t=\begin{Bmatrix}t_n\\t_s\\t_t\end{Bmatrix}=\begin{bmatrix}K_{nn}&&\\&K_{ss}&\\&&K_{tt}\end{bmatrix}\begin{Bmatrix}\varepsilon_n\\\varepsilon_s\\\varepsilon_t\end{Bmatrix} \tag{2.21}$$

当 $\delta_0\leqslant\delta\leqslant\delta_{\max}$ 时，材料处在损伤软化区域，此时有：

$$t=\begin{Bmatrix}t_n\\t_s\\t_t\end{Bmatrix}=\begin{bmatrix}(1-D)K_{nn}&&\\&(1-D)K_{ss}&\\&&(1-D)K_{tt}\end{bmatrix}\begin{Bmatrix}\varepsilon_n\\\varepsilon_s\\\varepsilon_t\end{Bmatrix} \tag{2.22}$$

式中，D 为损伤系数，且其值为 $0\leqslant D\leqslant1$。当 $D=0$ 时，表示材料没有屈服或刚开始屈服；当 $D=1$ 时，表示材料破坏，失去承载能力。

粘结区域的典型力学行为如图 2.11 所示。图中原点 O 表示开始加载，OB 段为弹性阶段，例如 A 点就表示正处于弹性区域。B 点表示材料开始屈服，BD 段上的点，例如 C 点表示已经进入软化区域。D 点为发生破坏的临界点。E 点表示已经破坏，发生分层脱离的现象。

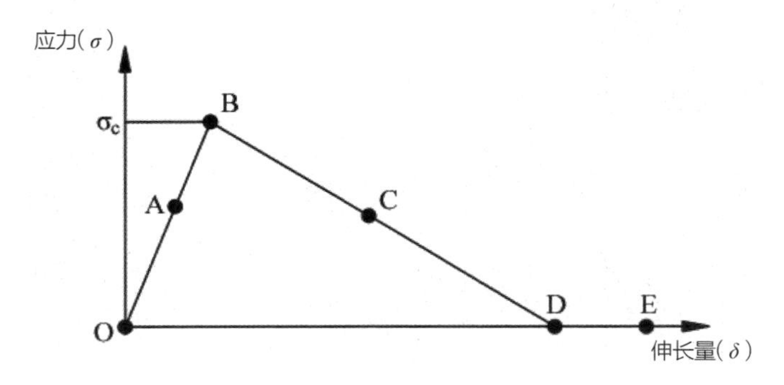

图 2.11　粘结区域的典型力学行为

2.3.2　橡胶隔震支座破坏失效有限元模型

本章第 2 节的一般力学性能分析中，每个不同的层以及与铅芯的接触都采用 tie 连接的方式。但本节的失效破坏分析中，橡胶层和钢板层在 assembly 中采用 merge 的方式接合起来。这样做的原因是在这种情况下采用瞬态计算，模型计算时间较长，如果再使用 tie 连接方式的话计算时间又会以指数型增长。将橡胶层和钢板层合并成一体后，通过剖分来剖分成不同的橡胶层、钢板层、粘结层、中间的铅柱等，然后分别对每个 cell 赋予不同的截面属性。在本节里，对一半的模型先进行了剖分，然后复制出另一半，再通过 tie 连接约束在一起。

首先，建立几何模型，特别要注意应该在橡胶层和钢板层之间划分一个粘结区，在动力问题的计算中，考虑惯性力的影响时，必须确定粘结区的厚度，即 cohesive 单元的厚度。由于粘结区域在厚度方向上只存在一个 cohesive 单元，因此粘结区域的厚度也就是 cohesive 单元的厚度。本书中定义其厚度为 0.2 mm。分析模型如图 2.12 所示。

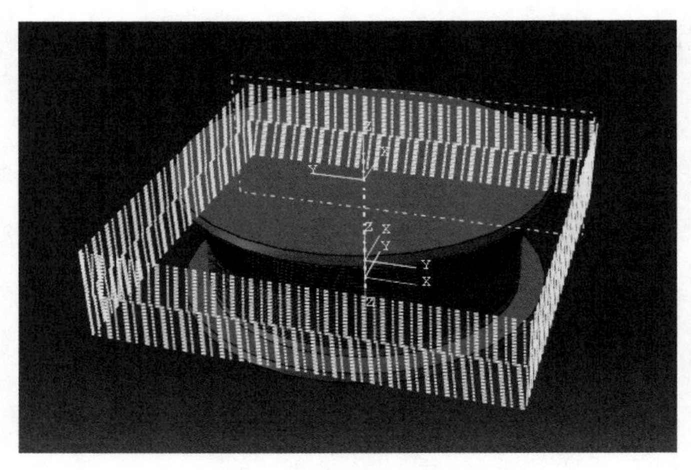

图 2.12　破坏分析模型

其次，分别定义材料的失效准则，包括粘结区、钢、橡胶和铅的定义。分析结果表明，铅芯橡胶隔震支座在水平 400%剪应变，即水平位移约 468 mm 附近发生粘结破坏，破坏时的水平力接近上述水平力的 1607.08 kN。最终的失效分析结果如图 2.13 所示。

(a)破坏时隔震支座侧面图

(b)破坏时隔震支座俯视图

图 2.13　破坏分析结果

2.3.3　橡胶隔震支座破坏失效的模拟结果分析

当水平位移达到约 456 mm，即接近 400%剪切应变时，LRB600 粘结层开始发生破坏。图 2.14 显示了 Abaqus 中的 Standard(未考虑损坏)和 Explicit(考虑损坏)之间的比较。

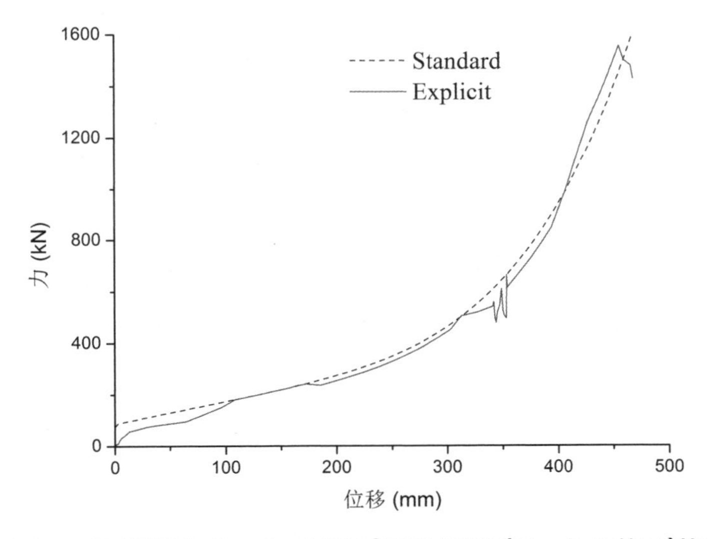

图 2.14　未考虑损坏(Standard 单元)和考虑损坏(Explicit 单元)的对比

图 2.14 显示，这两种方法的效果基本相同。图中曲线震荡的原因可能是由于连接方式不再是全部采用 tie 连接而造成的。在考虑材料破坏的情况下，当水平力达到 1554.69 kN 时，铅芯橡胶支座发生破坏，如图中线框所示；与未考虑损坏的模拟结果相比，误差约为 3.3%。

因此，采用 cohesive 单元，并且设置合理的参数，可以获得较好的模拟结果。单元失效的实现，可以为多尺度有限元模拟提供一定的参考，实现对地震作用下实体橡胶隔震支座受力状态的更精确分析。

2.4 本章小结

本章主要总结了铅芯隔震支座在竖直和水平方向的界限性能，采用 Standard 单元对铅芯橡胶隔震支座在水平大变形下的滞回性能进行了模拟，并采用 Explicit 单元对铅芯橡胶支座在水平大变形下的破坏进行了模拟，得到的主要结果如下。

（1）总结了隔震支座屈曲破坏准则：当隔震支座的水平刚度变为 0 或者是负值时，可以判断橡胶隔震支座发生屈曲破坏。拉伸破坏准则：当隔震支座承受的拉伸荷载出现下降时，可以确认橡胶层受到损伤。

（2）确定了橡胶隔震支座在压剪状态下，当水平变形超过 300% 时，会出现刚度强化段；当水平变形超过 400%时，可以认为橡胶隔震支座会发生破坏。

（3）传统的 Mooney-Rivlin（MR）模型无法模拟铅芯橡胶支座大变形时的橡胶强化现象。为了更准确地模拟，应采用 polynomial 模型和 tie 连接单元，选择合理的参数来处理橡胶层与钢板层之间的粘结。只要选取适当的精度，铅芯橡胶支座在水平大变形下的滞回性能就能得到准确的模拟，与试验数据相吻合。

（4）如果考虑支座的破坏，当模拟铅芯橡胶隔震支座在压剪状态下变形时，应采用 cohesive 单元作为橡胶层与钢板之间的粘结方式，并设定相应的 cohesive 破坏准则。该方法可以有效地模拟大变形下橡胶层的破坏和钢板的脱离的现象，为多尺度分析提供一定的参考。

第 3 章　隔震结构倒塌全过程数值模拟

3.1　隔震结构损伤模型

地震是一种具有突发性、随机性和不确定性特点的自然灾害。一个国家的抗震设防水平是由资金投入能力和灾害损失后果风险博弈所决定的[64]。由于我国还是发展中国家，抗震设防水平相较于欧美和日本等发达国家还是较低的[65，66]。另外在我国发生的多次大地震中，极震区及其周边区域的实际地震烈度往往比设计的设防烈度大得多[64]。比如 2008 年的汶川地震，地震区规定的设防烈度大多为 6~7 度，而极震区的实际烈度高达 8~11 度。汶川地震的调查结果表明[67]，我国的抗大震和特大地震倒塌的能力还需要进一步提高。因此，结构的实际抗震能力应该具备一定的冗余度，以便在面对未知的超过原先设计的特大地震时仍能保证不发生变形过大的情况。

传统抗震建筑，即非隔震建筑在地震作用下，尤其是在特大地震作用下，极容易造成结构部分的连续倒塌或者倾覆。若建筑物本身的设计不够完善的话，后果会更加严重，历次地震也已经证明，这种情况是极有可能发生的。而对于隔震结构，其结构自振周期由于隔震层作用延长，且一部分的地震能量会被隔震层吸收而不再向上传输，因此往往比普通结构在地震中的表现更为出色。尽管到目前为止，并没有发生过隔震建筑在地震作用下发生倒塌或者倾覆的案例，但考虑到未来可能发生的特大地震或者是隔震支座本身产生损伤，包括工艺失准和人为破坏等，所产生的对隔震层以及上部结构的影响还是值得重视的。

对于橡胶隔震支座的损伤，在第二章已经有了较为详细的介绍。可以认为，橡胶隔震支座的破坏可以从其水平和竖向力学性能这两方面来加以考虑。在水平方向，橡胶隔震支座因为特大地震而产生超过350%的变形，则可以认为内部橡胶和钢板可能发生分离从而引发支座破坏。在竖直方向，随着结构高宽比的增大，结构的倾覆力矩也逐渐增大，隔震支座承担拉力的可能性也增大；由于隔震支座受拉性能远小于受压性能，所以容易产生受拉损伤，应有所考虑。

在本章中，采用了 Abaqus 有限元软件中提供的 connector 单元来模拟隔震支座的力学性能，定义其失效准则，并在某隔震结构模型中模拟分析失去某一个或局部某几个隔震支座时，隔震层和上部结构的反应。

3.1.1　隔震支座损伤模型

3.1.1.1　connector 单元

Abaqus 里提供了一种具有连接属性的 connector 单元，可以提供在水平和竖直方向的多线段刚度，所以能较为准确地模拟隔震支座在水平和竖向的力学性能，从而简化隔震支座模型单元，为多体系的隔震结构系统模拟和分析提供有效帮助。

connector 单元可以定义多种行为方式，且可以在相对运动分量上定义多种连接单元行为，常见的有以下几种：弹性行为、阻尼行为、塑性行为、摩擦行为、损伤行为、止动行为、锁定行为以及失效行为[68]。

在本章中，简化的隔震支座模型采用了弹性行为、塑性行为（多线段）以及损伤行为，用来模拟其变形及破坏后退出工作的情况。

在 Abaqus 中，提供了丰富的连接属性，这些连接的作用是描述 connector 两个连接点之间的相对运动约束关系，按属性可以分为基本连接属性和组合连接属性两种[69]。

（1）基本连接属性：可以分为平移连接属性和旋转连接属性。平移连接属性影响两个连接点之间的平动自由度以及第一个连接点的旋转自由度；旋转连接属性只能影响两个连接点的旋转自由度。

（2）组合连接属性：是基本连接属性即平移连接属性和旋转连接属性的组合。

在简化模型里，connector 单元连接隔震层上板和地面，模拟隔震支座的工作，因此为了贴近实际的受力状况，需要正确地设置几个部件之间的相互连接关系。在定义连接单元的时候可以采用一个基本连接属性，也可以同时采用两个基本连接属性，或者直接采用组合连接属性。

同时，在两个连接点上需要分别定义各自的局部坐标系，连接点在分析过程中发生转动时，局部的坐标系也会随之发生转动。在局部坐标系中，Abaqus 提供了定义两个连接点之间的相对运动分量，包括相对平移运动分量 U_1、U_2、U_3 和相对旋转运动分量 UR_1、UR_2、UR_3。在本章的简化隔震支座的模型中，考虑到实际连接情况，采用平移连接属性中的 Cartesian 属性和旋转连接属性中的 Align 属性，如图 3.1 所示。

Cartesian 属性不约束任何相对运动分量，根据第一点上的笛卡尔坐标系来度量两点之间的相对平移 U_1、U_2、U_3。而 Align 属性，两点之间不允许发生相对位移。

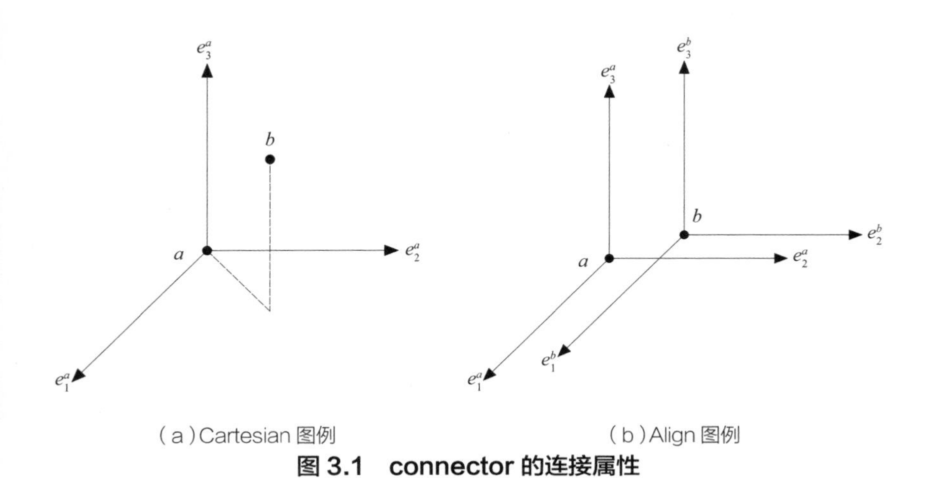

图 3.1　connector 的连接属性

3.1.1.2　橡胶隔震支座简化模型

在水平方向上，从第 2 章的分析中可知，橡胶隔震支座在大变形的情况下，具有刚度硬化的特点，同时参考文献[70]和[71]，可以总结出橡胶隔震支座水平方向力-位移的四线段本构关系，如图 3.2 所示。

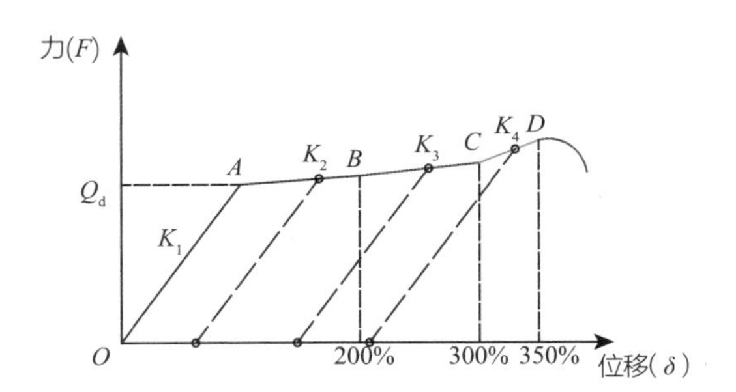

图 3.2　隔震支座水平方向四线段刚度

从图 3.2 中可以看出，K_1 表示隔震支座屈服前隔震支座的弹性刚度，K_2 表示屈服后隔震支座的刚度，K_3 表示第一强化段的刚度（剪切应变在 200%~300%），K_4 表示第二强化段的刚度（剪切应变在 300%~350%）。考虑到隔震支座的实际生产水平和隔震建筑安全性能的要求，当隔震支座的剪切应变超过 350%时，认为隔震支座发生破坏，退出了工作。

在 Abaqus 的 connector 单元中，卸载路径均设置为按刚度 K_1 大小进行卸载，即 OA 段卸载时仍然按照原路径返回，在 AD 段由所在点位置按斜率为 K_1 进行卸载。通过定义 connector 单元的弹性和塑性段的结合，可以较好地模拟出隔震支座的滞回性能。此处定义 K_1 为弹性段，K_2、K_3、K_4 定义为塑性段，并采用 Kinematic Hardening 模式。K_1、K_2、K_3、K_4 之间的关系为：K_1 =13× K_2；K_3 =1.5× K_2；K_4 =5× K_2。因此，通过确定隔震支座屈服后刚度 K_2 就可以确定图 3.2 所有刚度值，具体参数在后面叙述。

在竖直方向上，隔震支座的竖向受力情况，采用图 3.3 的本构关系，图中 K_c 为压缩刚度，K_t 为拉伸杆刚度，在数值模拟中可定义其具体的参数。

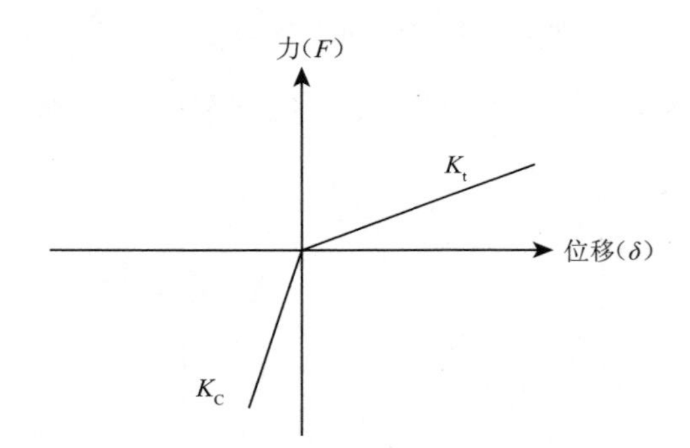

图 3.3　隔震支座竖直方向刚度

3.1.2　混凝土损伤模型

Abaqus 软件中主要提供了两种考虑损伤的混凝土模型[72]，即弥散裂纹混凝土模型和混凝土损伤塑性模型。

（1）弥散裂纹混凝土模型：使用定向的损伤弹性，即弥散裂纹以及各向同性压缩塑性来表示混凝土的非弹性行为。它采用一个弹塑性模型描述混凝土受压，用固定弥散裂缝模拟混凝土受拉。

（2）混凝土损伤塑性模型：使用各向同性损伤弹性结合各向同性拉伸和压缩塑性的模式来表示混凝土的非弹性行为，是一种基于塑性的连续介质损伤模型。

由于混凝土损伤塑性模型假定混凝土材料的两个主要失效的机制是拉伸开裂和压缩破碎，这一点和混凝土建筑结构关心的问题比较契合，与弥散裂纹模型相比，该模型可用于单向加载、循环加载及动态加载等情况，具有较好的收敛性。综合以上，本章采用混凝土受压和受拉损伤因子作为判断依据，图 3.4 为混凝土受压和受拉应力应变图。

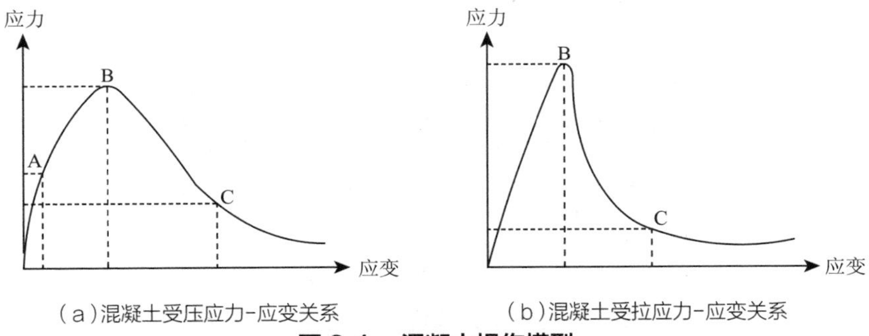

（a）混凝土受压应力-应变关系　　（b）混凝土受拉应力-应变关系

图 3.4　混凝土损伤模型

参考文献[73—76]定义混凝土受压应力应变和受压损伤因子的关系如下：A 为弹性点，受压损伤因子为 0.0；B 为峰值点，受压损伤因子为 0.2；C 为极限点，受压损伤因子为 0.9。再定义混凝土受拉应力应变和受拉损伤因子的关系为：B 为峰值点，受拉损伤因子为 0；C 为极限点，受拉损伤因子为 0.9。

因此，当损伤因子超过 0.9 时，可以认为混凝土超过极限受压或者受拉状态。本章中，选用混凝土损伤塑性模型作为混凝土本构的定义，具体参数在后面叙述。

3.2 Abaqus 有限元建模

3.2.1 上部结构设计

某框架结构建筑物采用隔震设计，其总建筑面积约 1024 m^2，建筑主要屋面标高为 24 m，平面为长方形，长 16 m，宽 8 m。地上主体建筑 8 层，每层高度设置均为 3 m。抗震设防烈度设为 8 度，设计基本地震加速度 0.3 g，II 类场地。Abaqus 中建立的上部结构梁柱模型如图 3.5 所示，框架梁柱的主要截面尺寸和混凝土强度等级见表 3.1。

图 3.5　上部结构有限元模型

表 3.1　梁柱建模信息

建筑构件	截面尺寸(mm)	混凝土强度等级
框架梁	400×750,400×850	C30
框架柱	600×600	C30

3.2.2　隔震结构设计

3.2.2.1　初步隔震设计

建筑结构采用隔震设计,且需将每个隔震支座的面压控制在 8 MPa 以内,屈重比控制在 3%左右。经过计算,选用 6 个圆形 LRB400(GZY400)隔震支座,其基本力学性能列于表 3.2 中,受力情况列于表 3.3 中,布置情况如图 3.6 所示。此外,隔震层上板厚度设为 0.3 m,采用 C30 混凝土。由于 connector 力学行为和设置高度没有关系,同时为了可以较为明显地观察支座破坏时的情况,设定每个隔震支座的高度为 1 m。

表 3.2　隔震支座基本力学性能

型号	屈服力(kN)	屈服后刚度(kN/mm)	竖向压缩刚度(kN/mm)	竖向拉伸刚度(kN/mm)
LRB400	42.724	0.848	1816.300	233.150

表 3.3　隔震支座受力情况

位置	支座型号	长期轴力 N_i(kN)	100%剪切应变时的支座位移(mm)	个数
边角	LRB400	569.65	80.6	4
中部	LRB400	827.21	80.6	2

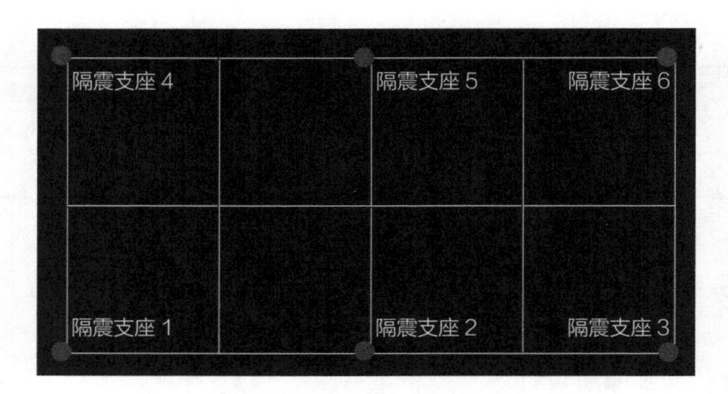

图 3.6　隔震支座布置

3.2.2.2　隔震结构有限元建模

隔震结构有限元模型如图 3.7 所示。模型由上到下依次为上部结构、隔震层上板、隔震支座和地面。上部结构采用 B31 空间梁单元模拟[77]；隔震层上板选用 S4R 壳单元进行模拟，并考虑混凝土损伤，采用 Abaqus 提供的损伤模型。具体参数见表 3.4~表 3.6。

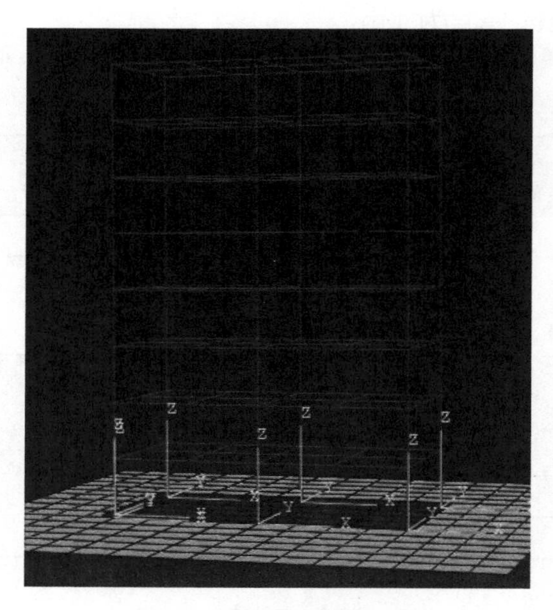

图 3.7　隔震结构有限元模型

表 3.4　混凝土塑性性能参数

剪胀角(°)	偏心率	f_{b0} / f_{c0}	刚度 K(KN/mm)	黏性参数
38	0.1	1.16	0.666 67	0.0005

表 3.5　混凝土压缩和拉伸性能参数

混凝土压缩性能参数		混凝土拉伸性能参数	
屈服应力(MPa)	非弹性应变	屈服应力(Pa)	非弹性应变
24.019	0	1.780	0
29.208	0.0004	1.460	0.0001
31.709	0.0008	1.110	0.0003
32.358	0.0012	0.960	0.0004
31.768	0.0016	0.800	0.0005
30.379	0.0020	0.536	0.0008
28.507	0.0024	0.359	0.0010
21.907	0.0036	0.161	0.0020
14.897	0.0050	0.073	0.0050
2.953	0.0100	0.004	0.0100

表 3.6　混凝土压缩和拉伸损伤参数

混凝土压缩损伤参数		混凝土拉伸损伤参数	
损伤因子	非弹性应变	损伤因子	非弹性应变
0	0	0	0
0.1299	0.0004	0.30	0.0001
0.2429	0.0008	0.55	0.0003
0.3412	0.0012	0.70	0.0004
0.4267	0.0016	0.80	0.0005
0.5012	0.0020	0.90	0.0008
0.566	0.0024	0.93	0.0010
0.714	0.0036	0.95	0.0020
0.8243	0.0050	0.97	0.0030
0.9691	0.0100	0.99	0.0050

Abaqus 中模拟的隔震支座简化单元如图 3.8 所示。根据图 3.2 提供的支座水平方向考虑强化段的模型，以及 connector 单元所提供的水平和竖向刚度的多线段行为，具体输入的数据见表 3.7。简化隔震支座竖向的力学行为见表 3.8。

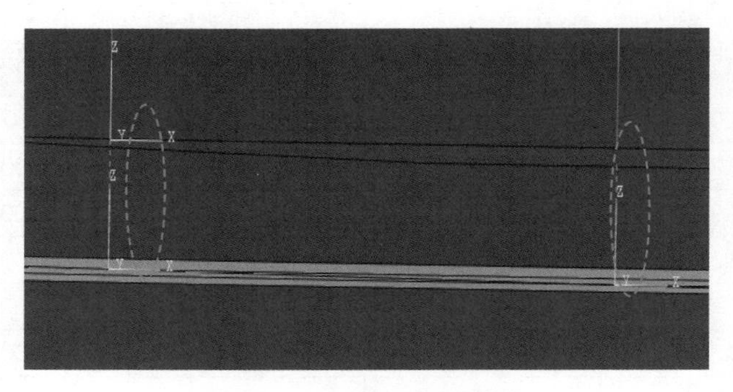

图 3.8　隔震支座简化单元

表 3.7　考虑强化段的水平刚度参数

力和位移参数			刚度参数	
编号	力(kN)	位移(mm)	编号	刚度(kN/mm)
A	42.724	3.877	K_1	11.0190
B	176.083	161.200	K_2	0.8477
C	278.568	241.800	K_3	1.2720
D	449.375	282.100	K_4	4.2380

表 3.8　竖向刚度

刚度 K_c(KN/mm)	刚度 K_t(KN/mm)
1816.30	233.15

3.3.2.3　隔震支座失效准则

根据总结的隔震支座破坏准则，设定当支座的水平位移超过 350%剪切应变的时候，即超过 0.282 1 m 后发生失效，不再继续提供水平刚度。竖直方向设置的失效与水平方向的失效相耦合，即水平方向失效后，竖直方向也不再提供竖向刚度。

3.3.2.4　重力加载方式

在 Abaqus/Explicit 中，所有的力都采用瞬态的方式进行加载，因此与其他软件不同，即使是对于平常简单施加的重力在荷载而言也需要特别处理。重力的施加会对结构产生瞬间的冲击力，使得结构产生竖直方向的振荡，结构自身的阻尼则可以起到减小冲击的作用。在本书中，均采用 0~2 s 内，重力加速度从 0 到 9.8 m/s^2 线性增加，然后在下一秒之内，保持重力加速度为 9.8 m/s^2，总计 3 s。经过多次调试，此方式的效果可以达到预期的目标。

3.3.2.5　地震波选取

此次分析采用归一后的 El Centro 波作为输入地震波。El Centro 波是 1940 年 5 月 18 日美国加利福尼亚帝国河谷（Imperial Valley）6.9 级地震记录，取用 EW 向加速度分量。El Centro 波在中频段有较大的地震反应，卓越周期为 0.56 s，主要适用于 Ⅱ 类场地。其地震波加速度曲线如图 3.9 所示。

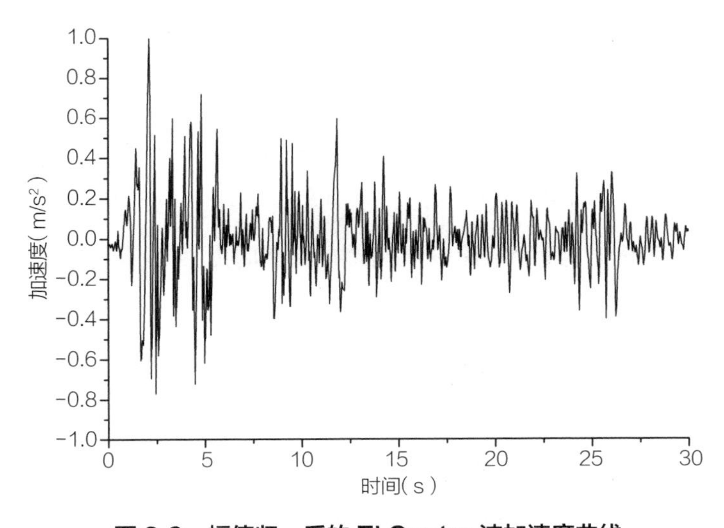

图 3.9　幅值归一后的 El Centro 波加速度曲线

3.3 数值模拟结果分析

此次分析一共分为 6 种工况进行，工况具体信息列于表 3.9 中。

表 3.9 工况信息

工况号	地震加速度峰值	失效位置	失效个数	损伤隔震支座编号
1	1.1 *g*	无	无	无
2	1.2 *g*	全部	全部(6)	1~6
3	1.1 *g*	边角	1	1
4	1.1 *g*	中间	1	2
5	1.1 *g*	边角	2	1、4
6	1.1 *g*	中间	2	2、5

注：隔震支座的编号已列于图 3.6 中。

3.3.1 工况 1：无支座破坏

工况 1 中设定全部隔震支座状态为水平变形全部达到 300%以上，且未超过 350%。试算表明，当地震加速度峰值为 1.1 *g* 时，隔震支座的水平变形达到 0.275 6 m，此时所有隔震支座都未破坏失效。

(1)以隔震支座 1 为例，其滞回曲线如图 3.10 所示。

从图 3.10 中可以看出，除了图中虚线所示的局部位置有较为明显的刚度变化外，其余阶段并没有很明显的刚度突变，产生这种现象的原因一般有以下两个方面：

①四线段刚度图(图 3.2)中 K_2、K_3、K_4 所代表的刚度值变化不大。

②在 Abaqus 的 connector 单元中，模拟塑性段采用最小二乘法，但当描述塑性段的数据比较平滑时，效果并不是很明显。

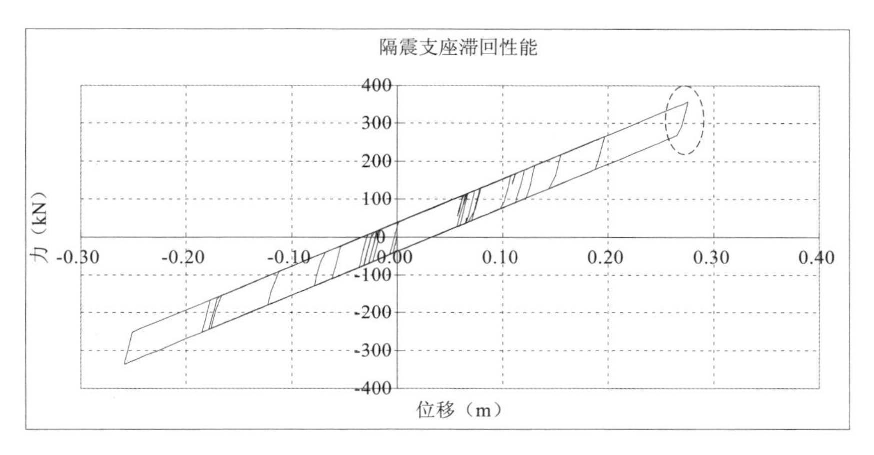

图 3.10　隔震支座 1 的滞回曲线

（2）顶层加速度如图 3.11 所示，峰值为 10.621 7 m/s^2。

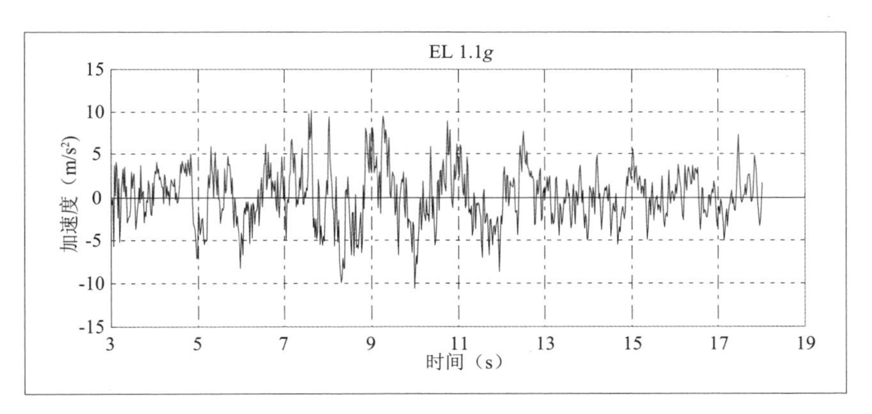

图 3.11　顶层加速度曲线

（3）各层的加速度和层间位移以及上部结构层间位移角倒数如图 3.12~图 3.14 所示，其中最大加速度值为 10.998 1 m/s^2，最大层间位移为 275.59 mm，均出现于隔震层。上部结构的最大层间位移出现在 2~3 层之间。

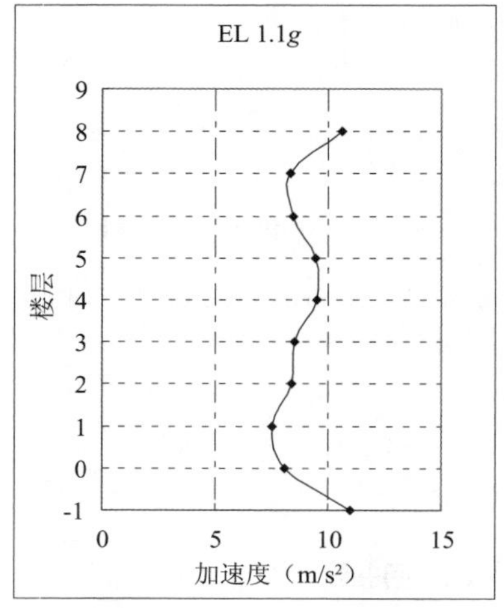

图 3.12　结构各层加速度

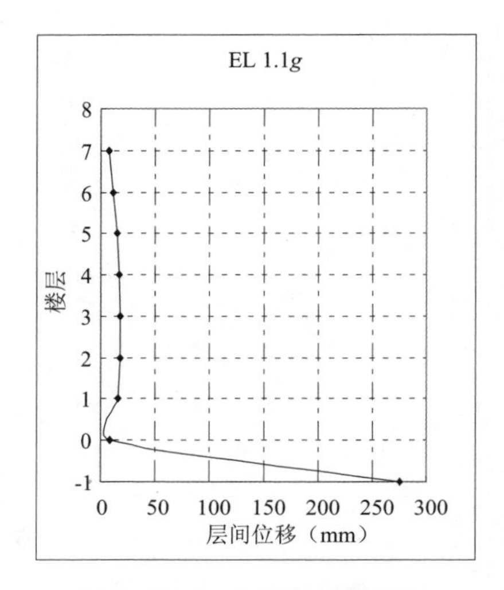

图 3.13　结构各层层间位移

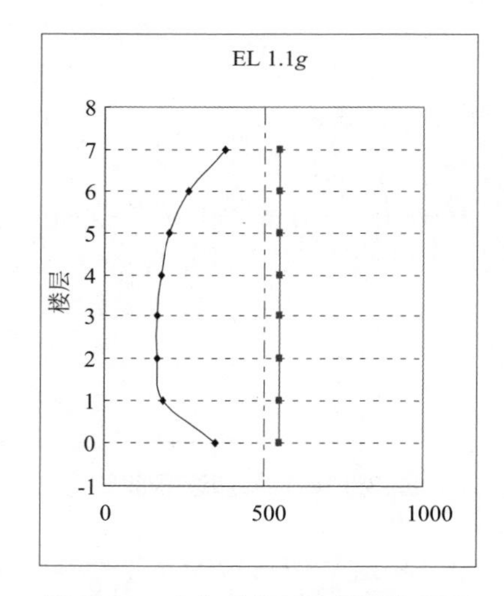

图 3.14　上部结构层间位移角倒数

3.3.2　工况 2:全部支座破坏

工况 2 中设定全部隔震支座水平变形都超过 350%并处于破坏失效状态。取加速度峰值为 1.2 g,当 t 等于 8.48 s 时,即实际地震作用时间为 5.48 s 时,全部隔震支座进入破坏失效状态。图 3.15~图

3.17 分别展示隔震层、整体结构倒塌前后的情况。

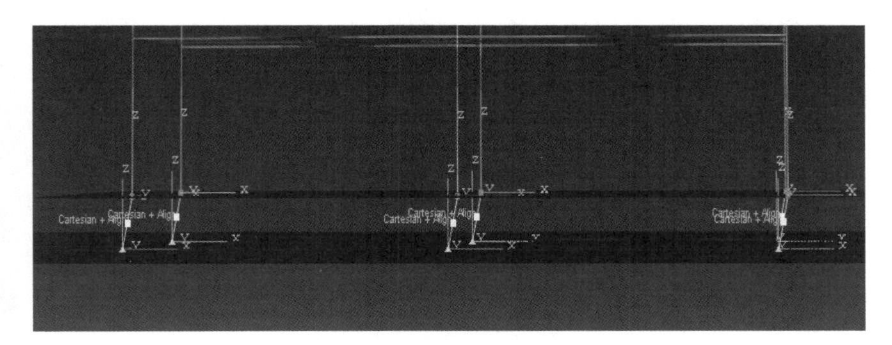

图 3.15　倒塌前的隔震层情况

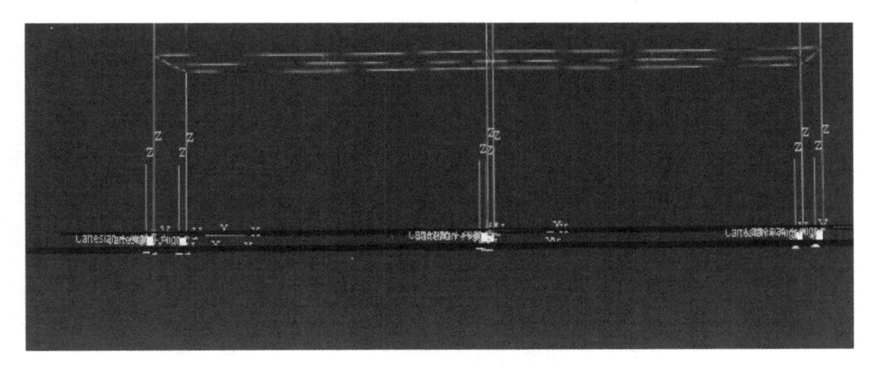

图 3.16　倒塌后的隔震层情况

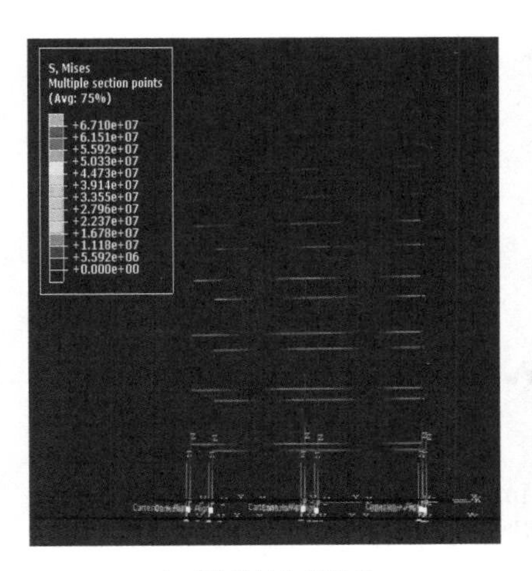

(a)整体结构倒塌前

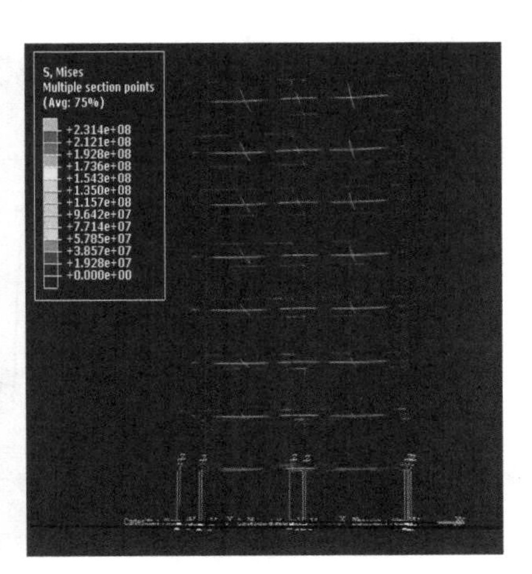

(b)整体结构倒塌后

图 3.17　整体结构倒塌前后的情况

（1）隔震层竖向位移如图 3.18 所示。约在 8.48 s 时隔震支座开始失效，失效前隔震层的竖向位移几乎为 0；失效后隔震层突然产生较大竖向压缩，顶部下降，并发生震荡现象。这是因为 conector 单元虽然可以定义失效，但无法定义其在失效后移除，当上部结构下落时与残留下的 conector 单元发生了接触，因此存在能量转换的现象。

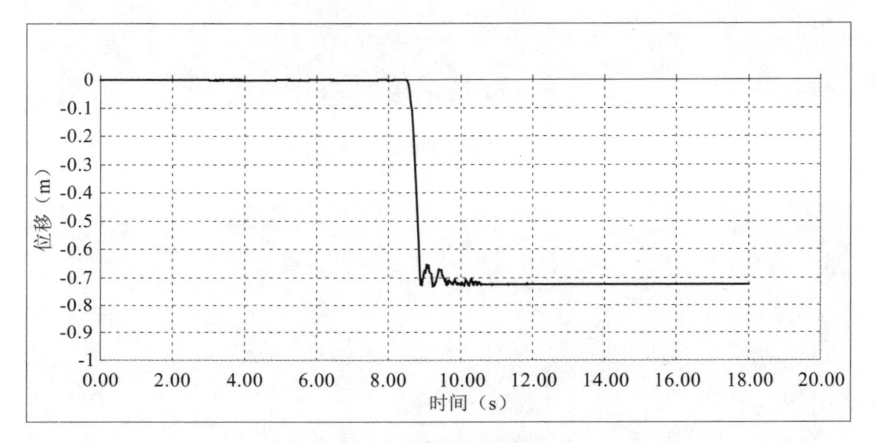

图 3.18　隔震层竖向位移

（2）顶层竖向位移如图 3.19 所示，与图 3.18 中隔震层的竖向位移进行对比可以看出，两者的竖向位移基本是一致的。

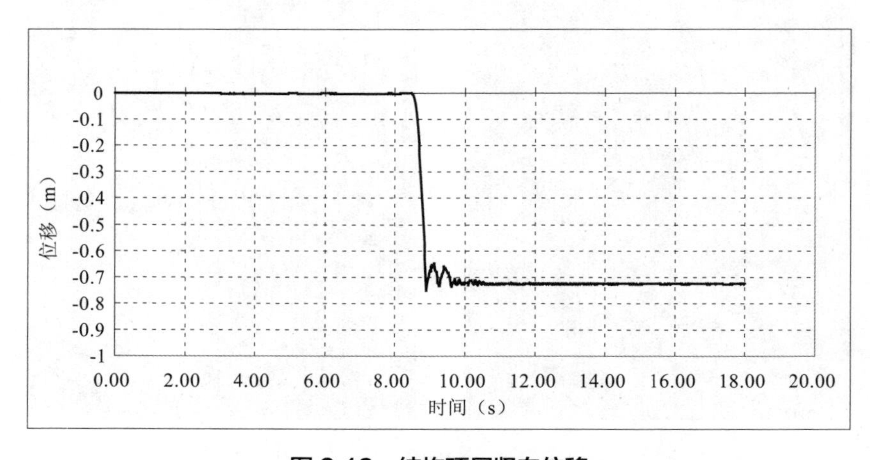

图 3.19　结构顶层竖向位移

（3）以隔震支座 1 为例，其滞回曲线如图 3.20 所示。可以看出，当位移超过 0.282 1 m 时，隔震支座在水平方向的力突变为 0。同时，竖向也不再提供支撑力，说明其已经被破坏失效，退出工作。

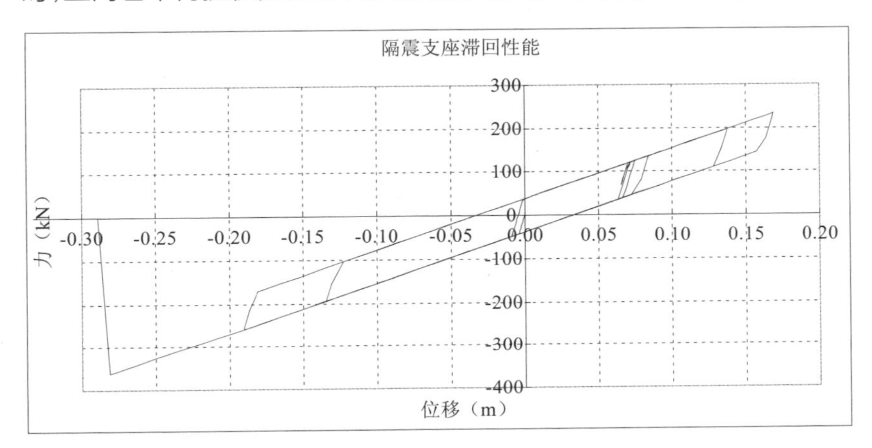

图 3.20　隔震支座 1 破坏的滞回曲线

（4）隔震层上板损伤情况如图 3.21、图 3.22 所示。图 3.21 为受压状态下的隔震层上板，可以看出其受压损伤因子介于 0.110 4~0.120 5 之间；图 3.22 为受拉状态下的隔震层上板，可以看出其受拉损伤因子介于 0.907 5~0.990 0 之间。因此，可以认为，隔震层的损伤是由受拉损伤所造成的，在后面的分析中，只讨论隔震层受拉情况。

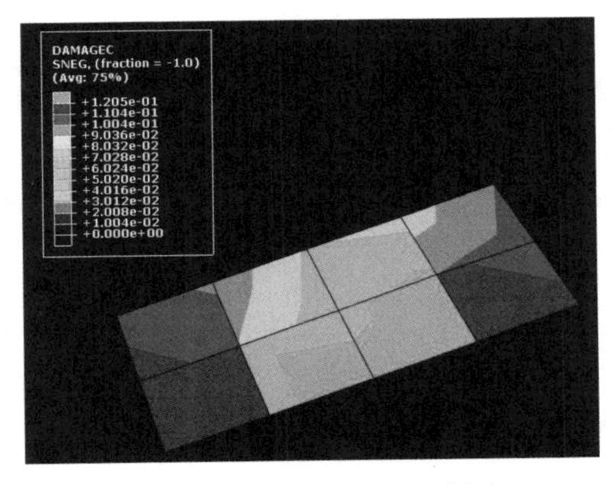

图 3.21　隔震层上板受压状态

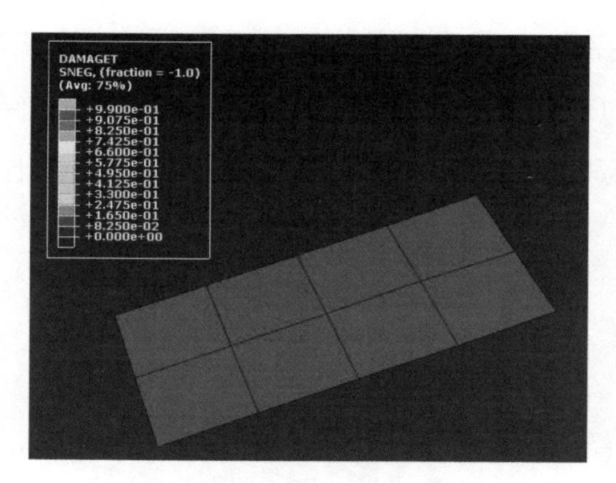

图 3.22　隔震层上板受拉状态

（5）结构顶层加速度如图 3.23 所示，峰值为 672.03 m/s^2。

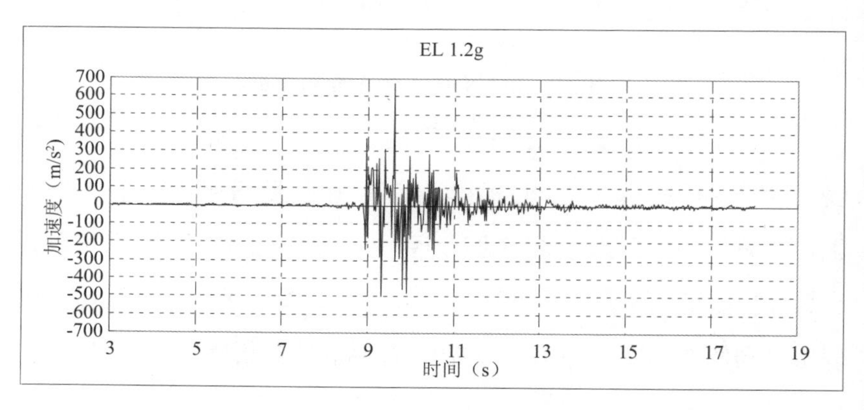

图 3.23　结构顶层加速度

（6）结构各层的加速度和层间位移如图 3.24、图 3.25 所示。其中最大加速度值为 672.03 m/s^2，发生在结构顶层；最大层间位移为 332.56 mm，发生在隔震层。上部结构的最大层间位移位于 2~3 层之间。

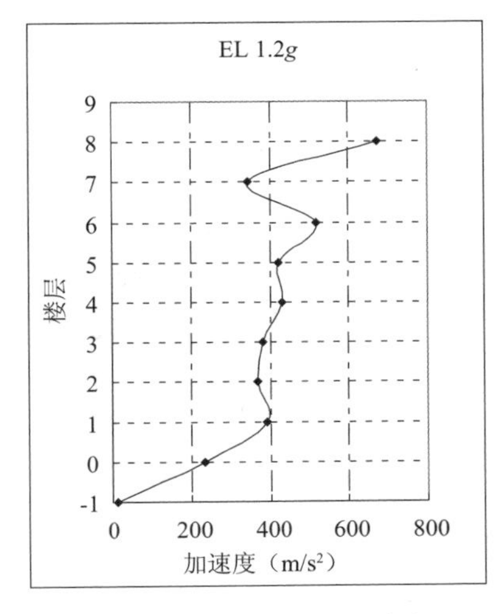

图 3.24　结构各层加速度

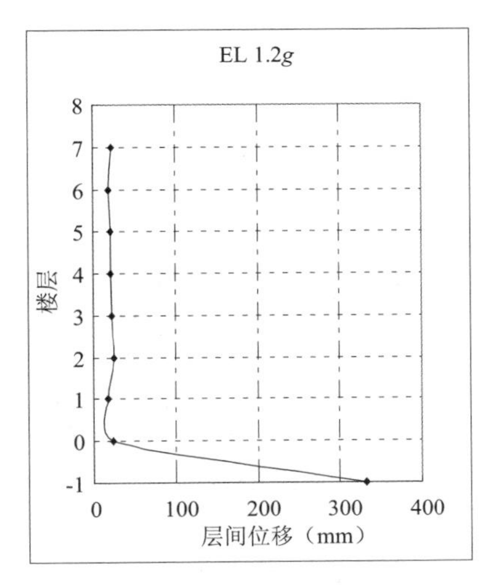

图 3.25　结构各层层间位移

3.3.3　工况 3:边角位置 1 个隔震支座破坏

工况 3 中设定位于边角位置的隔震支座 1，其水平变形超过 250%，进入破坏失效状态，其余隔震支座定义为未失效。取加速度峰值为 1.1 g，当 t =8.38 s 时，即实际地震作用时间为 5.38 s 时，隔震支座 1 进入破坏失效状态。

（1）隔震支座 1 处隔震层竖向位移如图 3.26 所示。可以看出，隔震层在隔震支座 1 失效后也会发生顶部下降的现象。

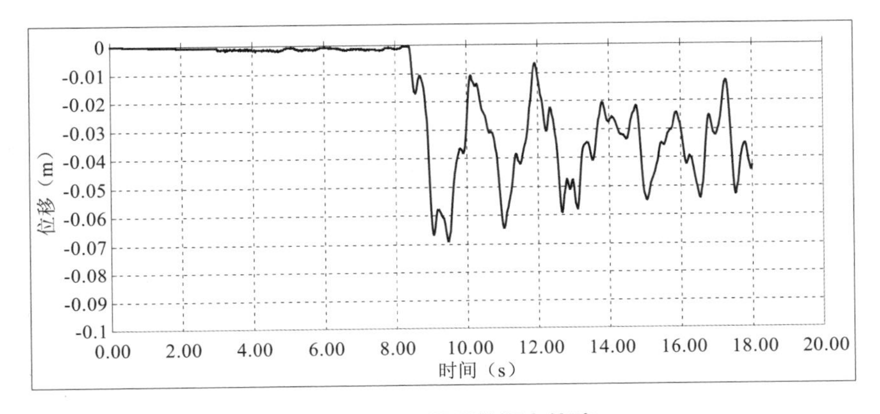

图 3.26　隔震层的竖向位移

（2）隔震层上板受拉损伤情况如图 3.27 所示。隔震层上板的受拉损伤因子介于 0.874 9~0.954 0 之间，隔震层上板部分超过受拉极限。

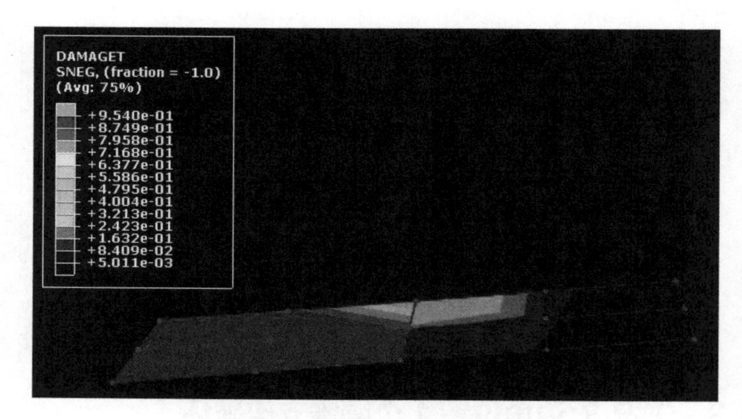

图 3.27　隔震层上板受拉状态

（3）结构顶层加速度如图 3.28 所示，其峰值为 108.975 m/s²。

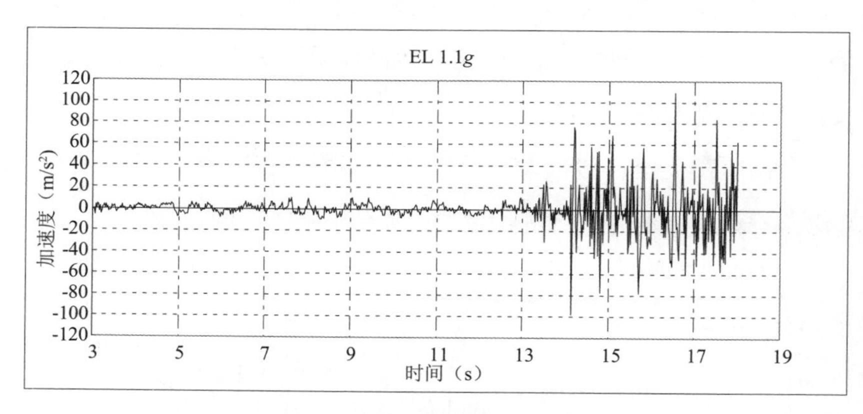

图 3.28　结构顶层加速度

（4）结构各层的加速度和层间位移如图 3.29、图 3.30 所示。其中最大加速度值为 319.538 m/s²，发生在底层；最大层间位移为 294.945 mm，发生在隔震层。上部结构的最大层间位移出现在 2~3 层之间。

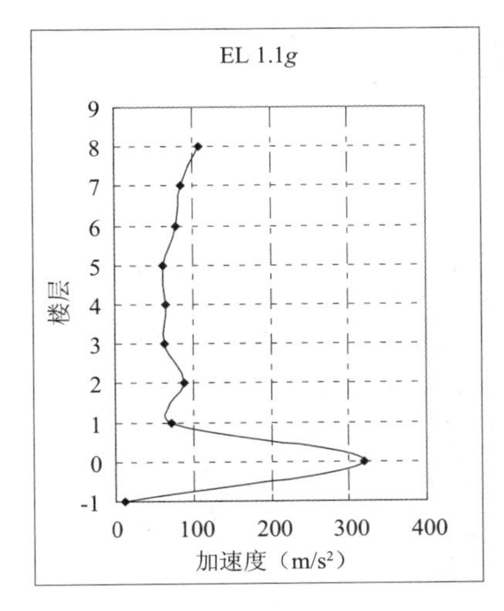

图 3.29　结构各层加速度

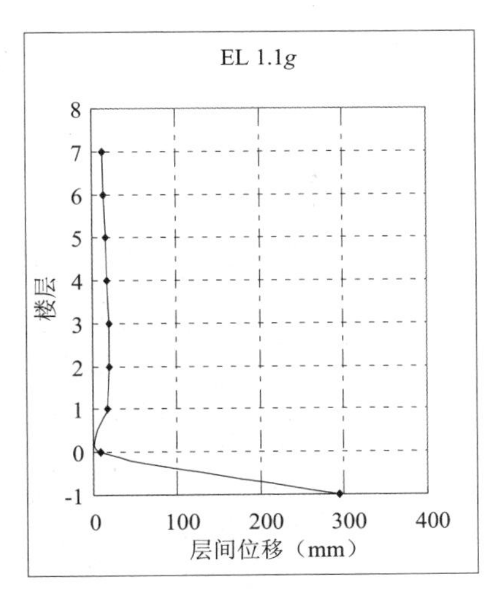

图 3.30　结构各层层间位移

3.3.4　工况 4:中间位置 1 个支座破坏

设定位于中间位置的隔震支座 2,其水平变形超过 250%,进入破坏失效状态,其余隔震支座定义为不失效。取加速度峰值为 1.1 g,当 t =8.38 s 时,即实际地震作用时间为 5.38 s 时,隔震支座 2 进入破坏失效状态。

(1)隔震支座 2 处隔震层竖向位移如图 3.31 所示。可以看出,隔震层在隔震支座 2 失效后会发生顶部下降现象。

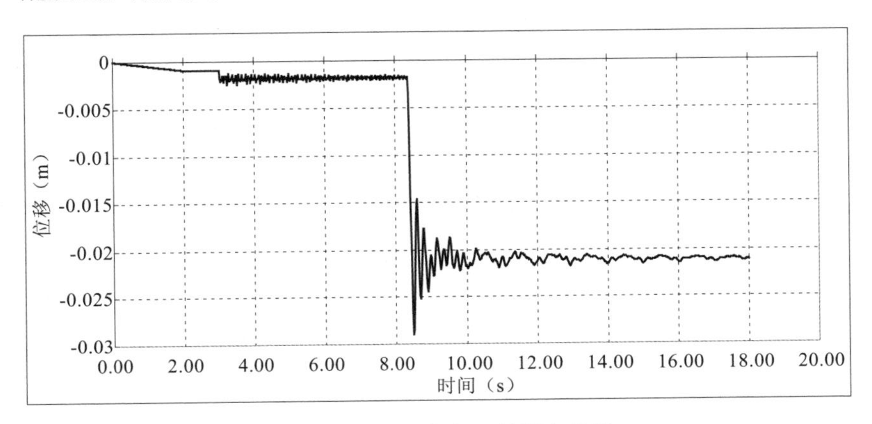

图 3.31　隔震支座 2 处竖向位移

（2）隔震层上板受拉损伤情况如图 3.32 所示。隔震层上板受拉损伤因子在 0.346 6~0.378 1 之间，隔震层上板尚未超过极限受拉状态。

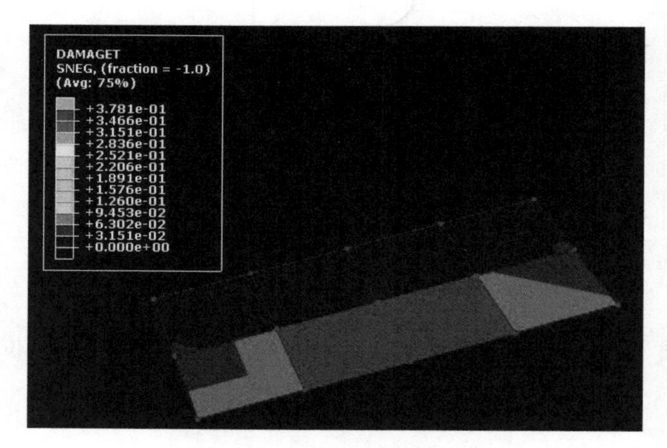

图 3.32　隔震层上板受拉状态

（3）结构顶层加速度如图 3.33 所示，峰值为 10.784 2 m/s²：

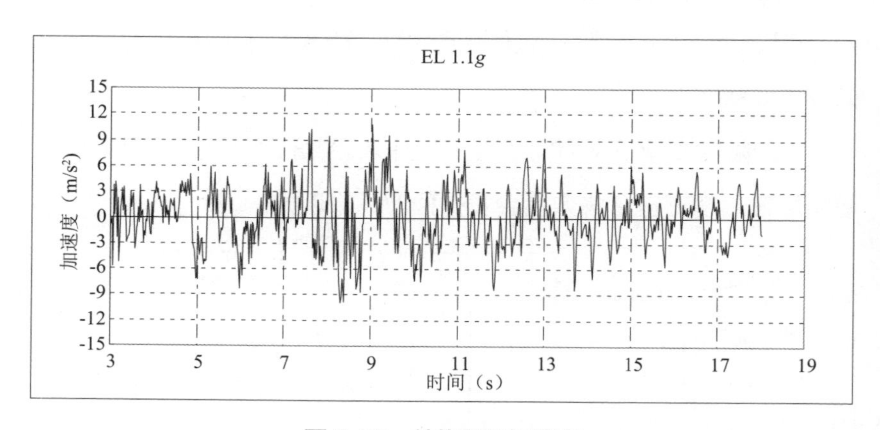

图 3.33　结构顶层加速度

（4）结构各层的加速度和层间位移如图 3.34、图 3.35 所示，其中最大加速度值为 10.998 1 m/s²，最大层间位移为 293.636 mm，均发生在隔震层。上部结构的最大层间位移出现在 2~3 层之间。

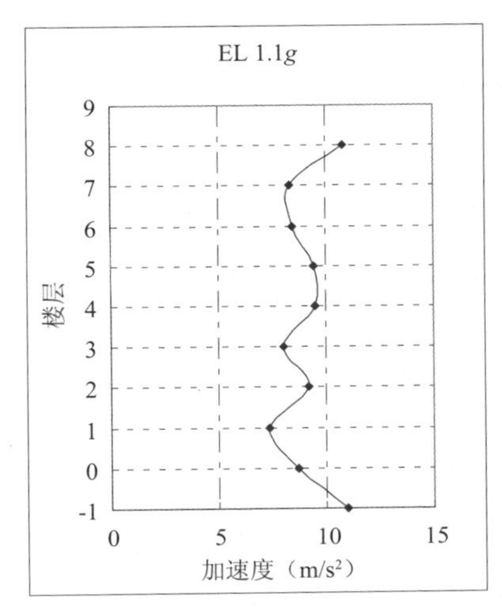

图 3.34　结构各层加速度

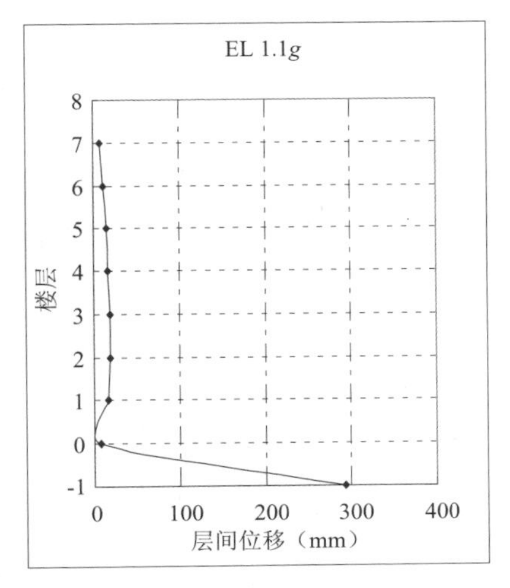

图 3.35　结构各层层间位移

3.3.5　工况 5:边角位置 2 个支座破坏

在工况 5 中,设定位于边角位置的隔震支座 1 和隔震支座 4,其水平变形超过 250%,进入破坏失效状态,其余隔震支座定义为不失效。取加速度峰值为 1.1 g,当 t =8.38 s 时,即实际地震作用时间为 5.38 s 时,隔震支座 1 和 4 进入破坏失效状态。

(1)隔震支座 1 和 4 处隔震层竖向位移如下图 3.36 所示。可以看出,隔震层在隔震支座 1 和 4 失效后,发生顶板下降的现象。

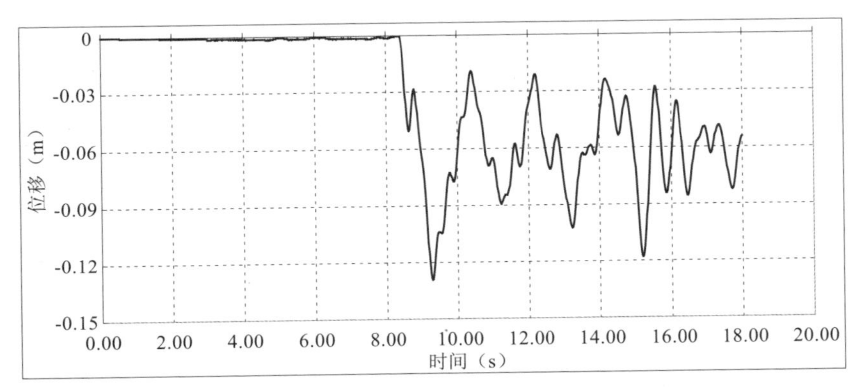

图 3.36　隔震支座 1 和 4 处隔震层竖向位移

（2）隔震层上板受拉损伤情况如图 3.37 所示。隔震层上板受拉损伤因子介于 0.852 5~0.930 0 之间，部分隔震层上板超过极限受拉状态。

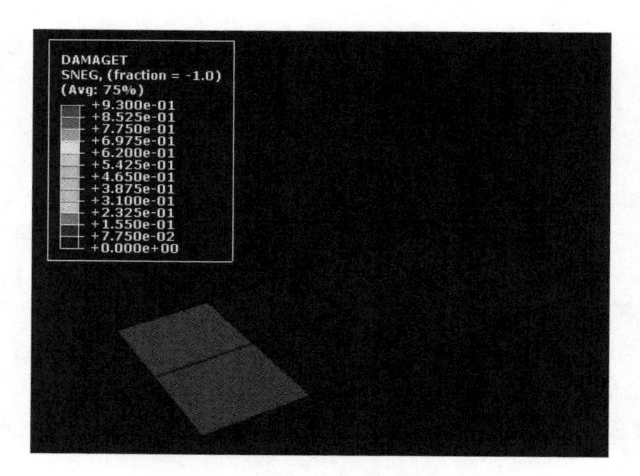

图 3.37　隔震层上板受拉状态

（3）结构顶层加速度如图 3.38 所示，峰值为 79.941 8 m/s²。

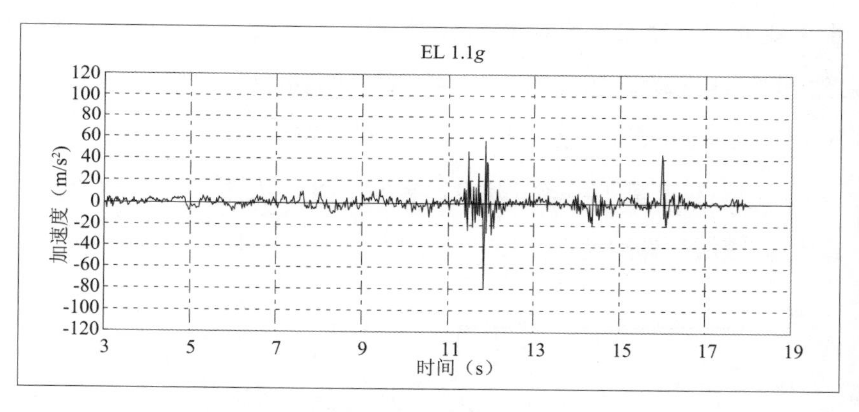

图 3.38　结构顶层加速度

（4）各层的加速度和层间位移如图 3.39、图 3.40 所示。其中最大加速度值为 223.031 m/s²，发生在底层；最大层间位移为 305.943 mm，发生在隔震层。上部结构的最大层间位移出现在 2~3 层之间。

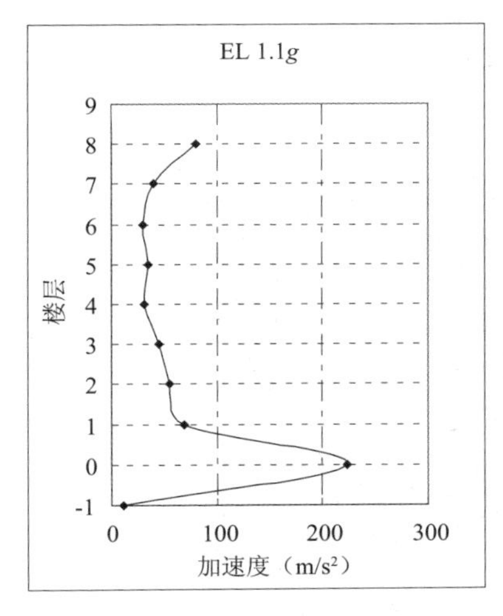

图 3.39　各层加速度

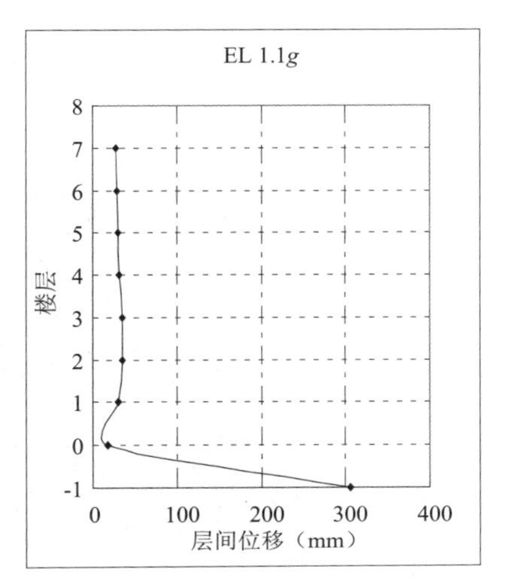

图 3.40　各层层间位移

3.3.6　工况 6:中间位置 2 个支座破坏

在工况 6 中,设定位于中间位置的隔震支座 2 和隔震支座 5,其水平变形超过 250%,进入破坏失效状态,其余隔震支座不定义为失效。取加速度峰值为 1.1 g,当 t =8.38 s 时,即实际地震作用时间为 5.38 s 时,隔震支座 2 和 5 进入破坏失效状态。

(1)隔震支座 2 和 5 处隔震层竖向位移如图 3.41 所示。可以看出,隔震层在隔震支座 2 和 5 失效后发生顶板下降的现象。

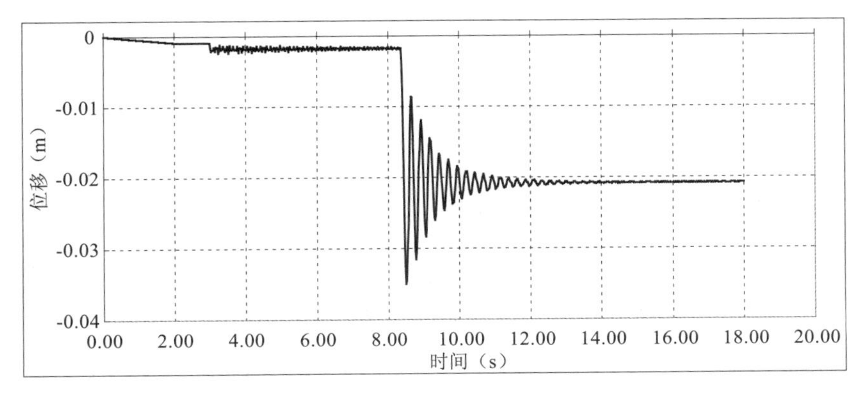

图 3.41　隔震支座 2 和 5 处隔震层竖向位移

（2）隔震层上板受拉损伤情况如图 3.42 所示。隔震层上板受拉损伤因子介于 0.634 8~0.647 0 之间，尚未超过极限受拉状态。

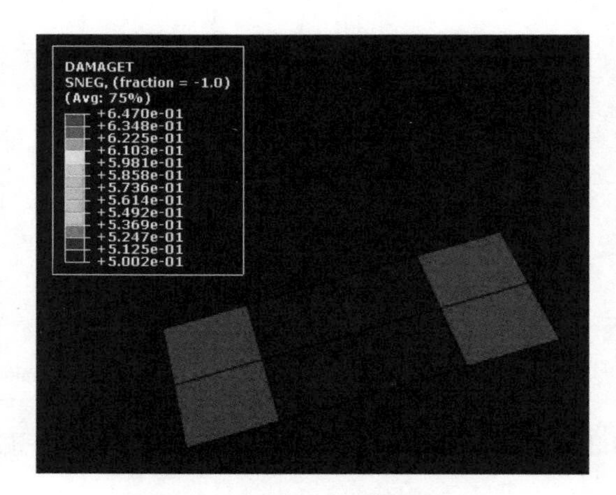

图 3.42　隔震层上板受拉状态

（3）顶层加速度如图 3.43 所示，峰值为 13.896 7 m/s²。

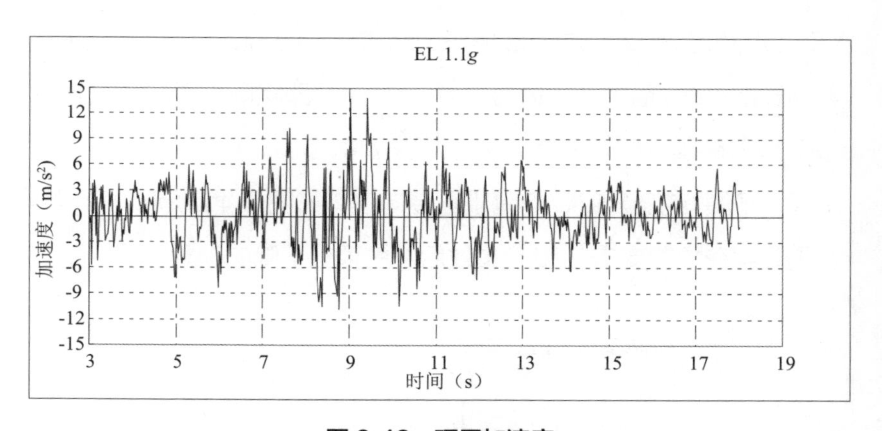

图 3.43　顶层加速度

（4）各层的加速度和层间位移如图 3.44、图 3.45 所示。其中最大加速度值为 13.896 7 m/s²，位于结构顶层；最大层间位移为 297.34 mm，位于隔震层。上部结构的最大层间位移出现在 2~3 层之间。

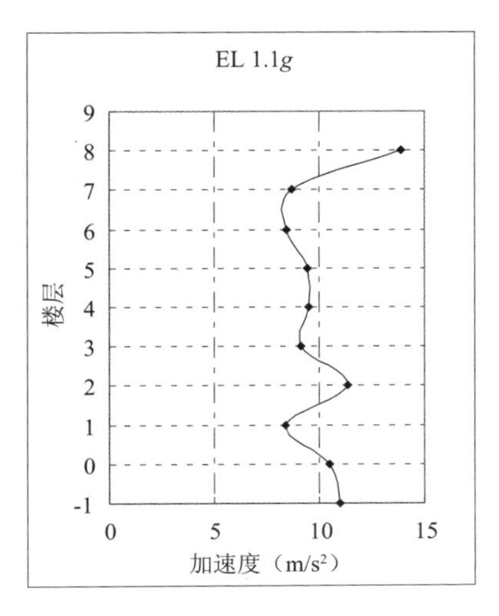

图 3.44　结构各层加速度

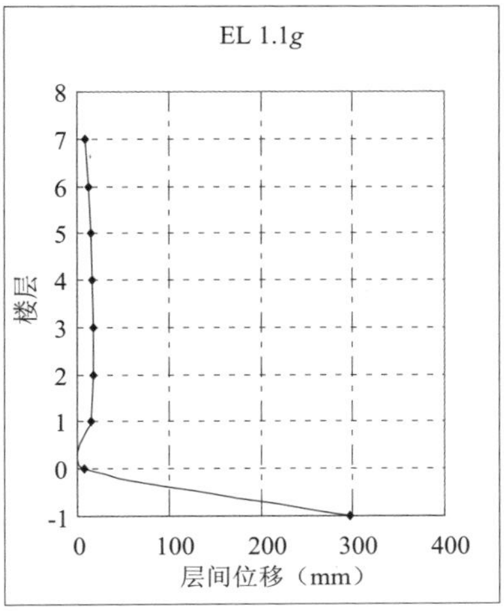

图 3.45　结构各层层间位移

3.4　数值结果对比分析

3.4.1　隔震层竖向位移对比

除工况 1 外，其余 5 种有部分隔震支座破坏失效的工况下，隔震层竖向位移列于表 3.10 中。

表 3.10　各种工况下隔震层竖向位移

编号	工况	隔震层竖向位移（m）
工况 2	全部支座破坏	0.726
工况 3	边角位置 1 个支座破坏	0.069
工况 4	中间位置 1 个支座破坏	0.028
工况 5	边角位置 2 个支座破坏	0.129
工况 6	中间位置 2 个支座破坏	0.035

从失效破坏的隔震支座位置的角度分析，工况 3 和工况 5 下，即

边角位置有若干隔震支座破坏对应的隔震层竖向位移，均大于工况 4 和工况 6 下，即中间部位有若干隔震支座破坏时的隔震层竖向位移。所以可以认为，边角位置的隔震支座失效对于隔震层竖向位移影响较大。

若从隔震支座损伤的个数的角度分析，在边角位置有隔震支座破坏的情况下，工况 3 中仅 1 个支座破坏时对应的隔震层竖向位移，小于工况 5 中有 2 个隔震支座破坏时的隔震层竖向位移；同样，当中间位置有隔震支座破坏时，对比工况 4 与工况 6，也可得到相同规律。所以可以认为，破坏支座的位置相同时，破坏个数越多，隔震层竖向位移越大。

3.4.2 隔震层上板受拉损伤对比

除工况 1 外，其余 5 种有部分隔震支座破坏失效的工况下，隔震层上板受拉损伤因子列于表 3.11 中。

表 3.11 各种工况下隔震层上板受拉损伤因子

编号	工况	受拉损伤因子	受拉状态
工况 2	全部支座破坏	0.907 5~0.990 0	超过极限受拉状态
工况 3	边角位置 1 个支座破坏	0.874 9~0.954 0	部分超过极限受拉状态
工况 4	中间位置 1 个支座破坏	0.346 6~0.378 1	未超过极限受拉状态
工况 5	边角位置 2 个支座破坏	0.852 5~0.930 0	部分超过极限受拉状态
工况 6	中间位置 2 个支座破坏	0.634 8~0.647 0	未超过极限受拉状态

从隔震支座破坏个数的角度分析，对比边角位置隔震支座破坏的情况，即将工况 3（1 个隔震支座破坏）和工况 5（2 个隔震支座破坏）相比，可以总结得出，支座破坏个数越多，隔震层上板的受拉损伤程度越小；再对比在中间部位隔震支座破坏的情况，即将工况 4（1 个隔震支座破坏）和工况 6（2 个隔震支座破坏）相比，也可以总结得出，支座

破坏个数越多，隔震层上板的受拉损伤程度越大。因此，隔震支座破坏的位置不同，其数量的影响是相反的。

3.4.3　顶层加速度峰值对比

各种工况下结构顶层加速度见表 3.12。由表 3.12 可以看出，工况 1 下，即隔震支座全部完好时，结构顶层加速度峰值最小，仅有 10.62 m/s^2；工况 2 下，即隔震支座全部破坏时，结构顶层加速度峰值最大，达到 673.03 m/s^2。其余工况的情况介于两者之间。

表 3.12　各种工况下顶层加速度

编号	工况	顶层加速度峰值（m/s^2）
工况 1	全部支座不破坏	10.62
工况 2	全部支座破坏	673.03
工况 3	边角位置 1 个支座破坏	108.98
工况 4	中间位置 1 个支座破坏	10.78
工况 5	边角位置 2 个支座破坏	79.94
工况 6	中间位置 2 个支座破坏	13.90

从失效破坏的隔震支座位置的角度分析，工况 3 和工况 5 下，即边角位置有若干隔震支座破坏时对应的结构顶层最大加速度，与工况 1 相比，分别放大了 10.26 倍和 7.53 倍；工况 4 和工况 6 下，即中间部位有若干隔震支座破坏时对应的结构顶层最大加速度，与工况 1 相比，分别放大了 1.02 倍和 1.31 倍。所以可以认为，边角位置的隔震支座失效对于结构顶层最大加速度的放大影响较大，而中间位置隔震支座破坏对其影响很小，特别是仅中间一个支座破坏时，其影响几乎可以忽略。

若从隔震支座失效破坏个数的角度分析，在边角位置有隔震支座破坏的情况下，工况 3 中仅 1 个支座破坏时对应的结构顶层最大加速度，大于工况 5 中有 2 个隔震支座破坏时的结构顶层最大加速度；同样，当中间位置有隔震支座破坏时，对比工况 4 与工况 6，也可得到相同规律。所以可以认为，破坏支座的位置相同时，破坏个数越多，结构顶层的最大加速度越大，说明破坏支座的个数越多对结构的地震响应影响越大。

3.4.4 各层加速度峰值对比

各种工况下，结构各层加速度峰值列于表 3.13 中，并如图 3.46 所示。

表 3.13 各工况下结构各层加速度峰值 （单位：m/s^2）

编号	工况	地面	隔震层	1F	2F	3F	4F	5F	6F	7F	8F
工况 1	全部支座不破坏	11.00	8.09	7.53	8.42	8.53	9.50	9.45	8.48	8.30	10.62
工况 2	全部支座破坏	12.00	233.87	392.76	369.24	381.96	430.99	422.83	519.38	345.81	672.03
工况 3	边角位置 1 个支座破坏	11.00	319.54	72.45	89	63.15	65.13	62.28	79.26	85.43	108.98
工况 4	中间位置 1 个支座破坏	11.00	8.73	7.34	9.22	8.04	9.5	9.45	8.48	8.3	10.78
工况 5	边角位置 2 个支座破坏	11.00	223.03	69.30	55.66	44.72	31.13	35.77	29.75	40.19	79.94
工况 6	中间位置 2 个支座破坏	11.00	10.57	8.62	11.31	9.07	7.85	9.44	8.46	8.68	13.90

从图 3.46（a）中可以看出，工况 2 中，隔震支座全部破坏，上部结构下落的情况，对各层加速度放大的影响是最大的。边角位置支座破坏对上部结构地震加速度响应的影响大于中间位置支座破坏的影响。

从图 3.46（b）中可以看出，相较于工况 1 未有任何破坏的情况，工况 3 中仅 1 个边角位置的支座破坏时对应的底层加速度放大了 39.5 倍，其他各层的也放大了 6~10 倍；工况 4 中仅 1 个中间位置的支座破坏时对应的各层的加速度，相对于工况 1 放大的倍数在 0.98~1.09 倍之间。

同样，从图 3.46（c）中可以看出，相较于工况 1 未有任何破坏的情况，工况 5 中有 2 个边角位置的支座破坏时对应的底层加速度放大了 28.8 倍，其他各层也放大了 3.3~9.2 倍；工况 6 中有 2 个中间位置的支座破坏时对应的各层的加速度，相对于工况 1 放大的倍数在 1~1.35 倍之间。

从图 3.46（d）和（e）中可以看出，工况 3（边角位置，1 个破坏），相较于工况 5（边角位置，2 个破坏）对各层加速度放大更加明显；工况 6（中间位置，2 个破坏），相较于工况 4（中间位置，1 个破坏）对各层加速度放大更加明显。

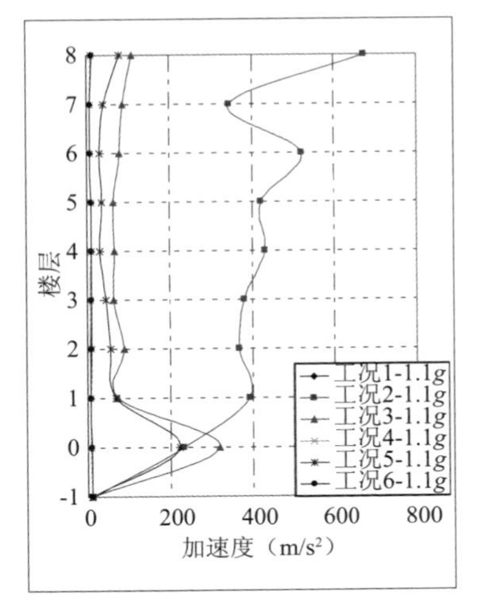

（a）各工况下结构各层加速度峰值

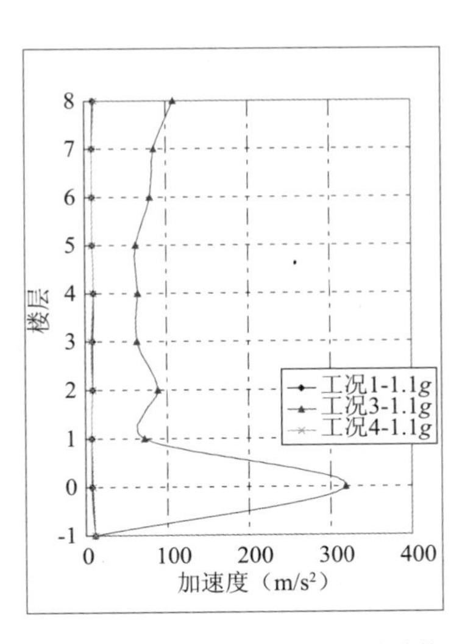

（b）工况 1、3、4 下各层加速度峰值

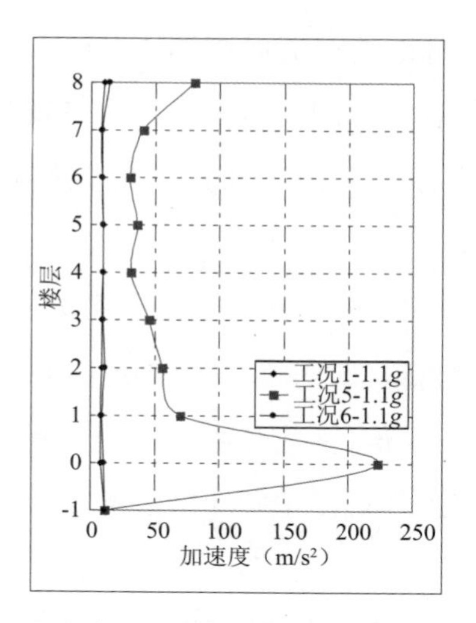

（c）工况 1、5、6 下各层加速度峰值

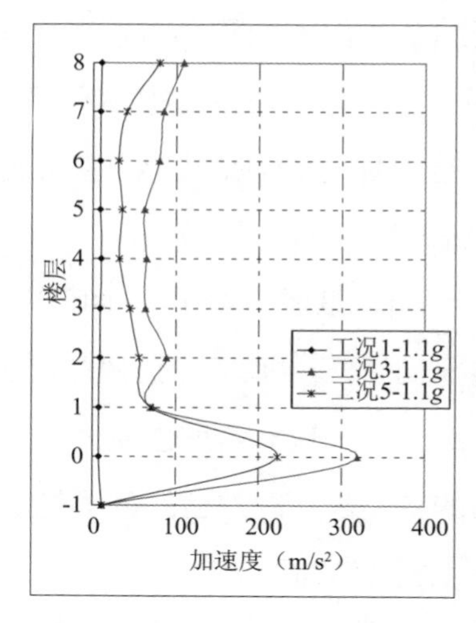

（d）工况 1、3、5 下各层加速度峰值

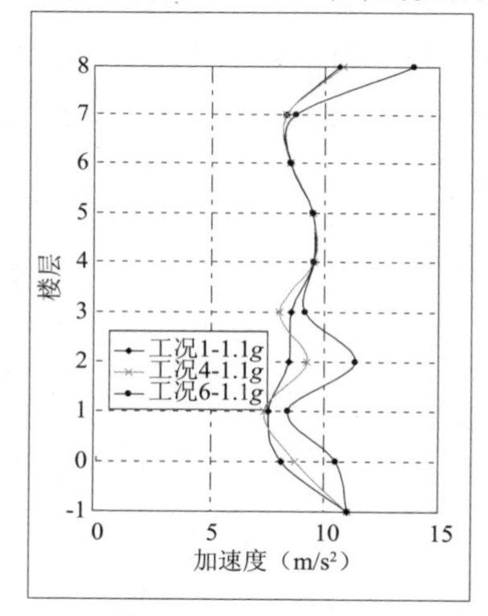

（e）工况 1、4、6 下各层加速度峰值

图 3.46　各工况下结构各层加速度峰值对比

从上述的对比分析中可以总结得出：边角位置的隔震支座损伤对隔震层和上部结构各层加速度的放大作用，要比中间位置隔震支座损伤对整个结构各层加速度的影响大。在边角位置，单个隔震支座的破坏对整个结构各层加速度的影响，要大于两个隔震支座的破坏所导致的影响。在中间位置，单个隔震支座的破坏对整个结构各层加速度的影响，要小于两个隔震支座的破坏所导致的影响。

3.4.5　各层间位移对比

各种工况下各层间位移如表 3.14 和图 3.47 所示。

表 3.14　各工况下结构各层层间位移　　（单位：mm）

编号	工况	地面~隔震层	隔震层~1F	1F~2F	2F~3F	3F~4F	4F~5F	5F~6F	6F~7F	7F~8F
工况 1	全部支座不破坏	275.59	8.59	16.35	18.19	18.29	17	14.87	11.49	7.92
工况 2	全部支座破坏	332.56	24.36	17.21	25.06	22.8	21.15	20.69	18.38	22.24
工况 3	边角位置 1 个支座破坏	294.95	8.88	17.67	20.37	19.50	17.18	15.68	14.32	12.87
工况 4	中间位置 1 个支座破坏	293.64	7.77	15.92	18.98	18.62	16.8	14.87	11.49	7.92
工况 5	边角位置 2 个支座破坏	305.94	17.88	29.8	35.17	34.66	31.87	30.26	29.12	27.87
工况 6	中间位置 2 个支座破坏	297.34	8.13	15.35	18.13	17.48	16.8	15.2	12.19	8.47

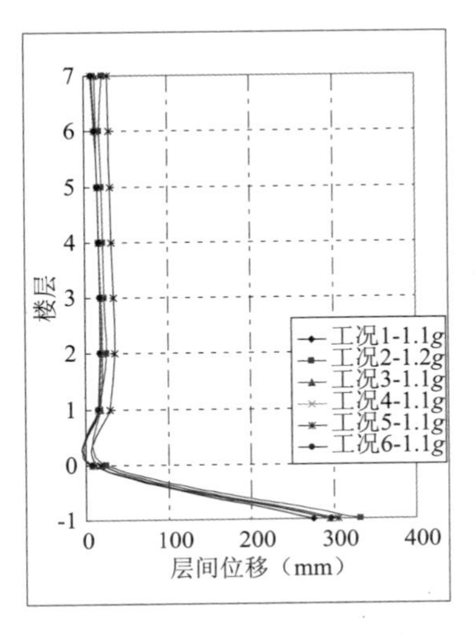

（a）不同工况下结构各层间位移

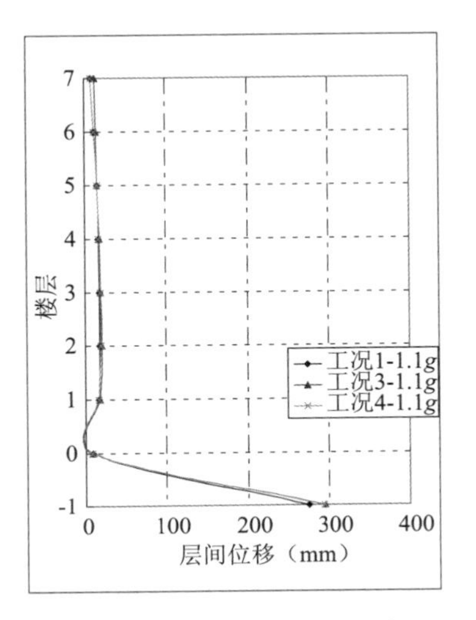

（b）工况 1、3、4 下各层间位移

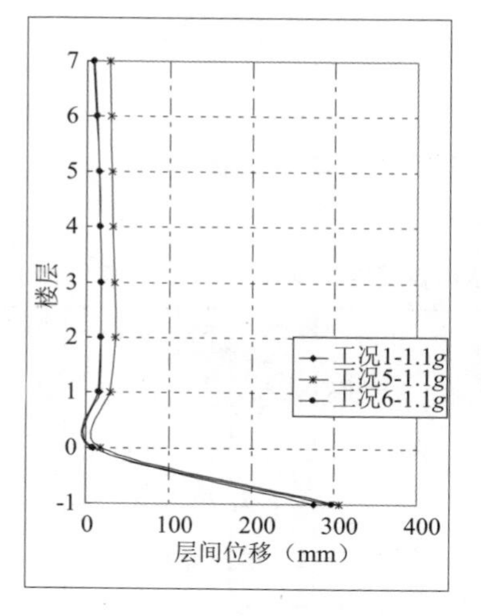

（c）工况 1、5、6 下各层间位移

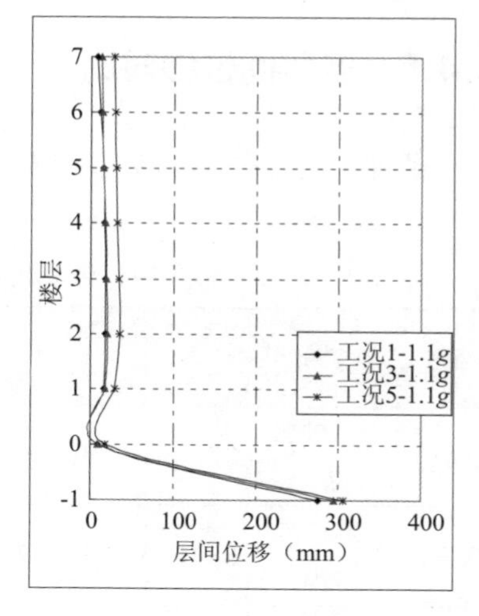

（d）工况 1、3、5 下各层间位移

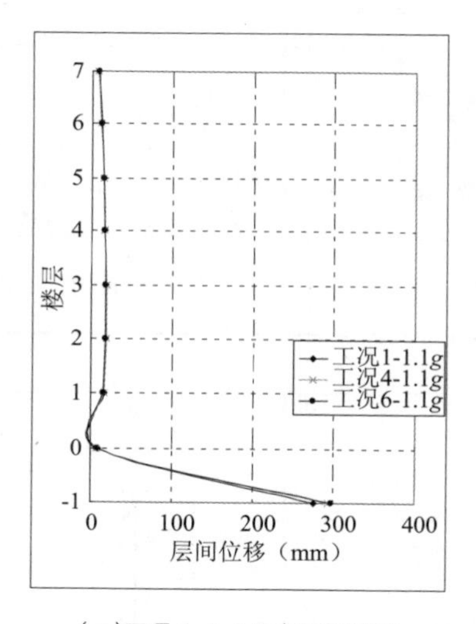

（e）工况 1、4、6 下各层间位移

图 3.47　各工况下各层间位移

从图 3.47（a）中可以看出，工况 2 中，隔震支座全部破坏，上部结构下落，对隔震层位移的影响最大，达到了 332.56 mm，是工况 1 未有任何破坏情况的 1.21 倍。除隔震层外，工况 5 有 2 个边角位置的支座破坏对上部结构的层间位移影响是最大的，相较于工况 1 放大了 1.9~3.52 倍。

从图 3.47(b)中可以看出，相较于工况 1 未有任何破坏的情况，工况 3 中仅 1 个边角位置的支座破坏时对应的各层间位移放大了 1.01~1.62 倍，工况 4 中仅 1 个中间位置的支座破坏时对应的各层间位移，相对于工况 1 放大的倍数在 0.9~1.06 之间。

同样，从图 3.47(c)中可以看出，较于工况 1 未有任何破坏的情况，工况 5 中有 2 个边角位置的支座破坏时对应的各层间位移放大了 1.11~3.52 倍；工况 6 中有 2 个中间位置的支座破坏时对应的各层间位移，相对于工况 1 放大的倍数在 0.95~1.08 之间。

从图 3.47(d)和(e)中可以看出，工况 3(边角位置，单个破坏)，比工况 1(未有任何破坏)的层间位移放大了 1.01~1.62 倍，工况 5(边角位置，两个破坏)的层间位移，比工况 1 放大了 1.11~3.52 倍。工况 4(中间位置，单个破坏)，比工况 1(未有任何破坏)的层间位移放大了 0.9~1.06 倍，工况 6(中间位置，两个破坏)的层间位移，比工况 1 放大了 0.95~1.08 倍。

从上述的对比分析中可以总结得出：边角位置的隔震支座损伤对整个结构的层间位移的影响，要大于中间位置隔震支座损伤对结构层间位移的影响。无论是在边角位置还是中间位置，单个隔震支座的破坏对结构层间位移的影响，要小于两个隔震支座破坏对结构层间位移的影响。此外，处于中间位置的隔震支座失效退出工作，与未有任何隔震支座损伤的情况相比，上部结构某些层的层间位移减小，这种现象是结构损伤后刚度降低引起的。

3.5　本章小结

本章在某 8 层的隔震结构模型中，采用 connector 单元所提供的弹性行为、塑性行为以及损伤行为来模拟在水平方向具有多刚度的隔震支座，并通过 connector 提供的损伤失效行为，来模拟分析隔震结构的上部结构在隔震支座全部失效，即隔震层倒塌和部分失效退出工作后的动力响应，得到的主要结论如下：

（1）混凝土隔震层上板的破坏主要是由于混凝土自身抗拉强度的不足所导致的。隔震层倒塌造成的损伤是最严重的；边角位置的隔震支座的失效所导致的损伤，要大于中间位置的隔震支座的失效所导致的损伤。

（2）与没有任何隔震支座破坏的隔震结构相比，隔震层倒塌时的顶层加速度峰值放大倍数最大。从隔震支座损伤的位置而言，当边角上的隔震支座损伤 1 个和 2 个时，分别放大了 10.26 倍和 7.53 倍；当中间部位的隔震支座损伤 1 个和 2 个时，分别放大了 1.02 倍和 1.31 倍。因此边角位置相比中间位置，对上部结构的顶层加速度影响更大。

（3）与没有任何隔震支座破坏的隔震结构相比，总体上隔震层倒塌时对整个结构各层加速度的放大作用是最大的。边角位置隔震支座损伤对整个结构各层加速度的放大作用，要比中间位置隔震支座损伤对整个结构各层加速度的影响大。在边角位置，1 个隔震支座的破坏对整个结构各层加速度的影响，要大于 2 个隔震支座的破坏所导致的影响。在中间位置，1 个隔震支座的破坏对整个结构各层加速度的影响，要小于 2 个隔震支座的破坏所导致的影响。

（4）与没有任何隔震支座破坏的隔震结构相比，在隔震层位置，隔震层倒塌时的层间位移变形放大 1.21 倍；对于其他层，边角位置的 2 个隔震支座的失效影响是最大的，分别放大了 1.9~3.52 倍。边角位置隔震支座的破坏对整个结构的层间位移的影响，要大于中间位置隔震支座破坏对结构层间位移的影响。在边角位置和中间位置，单个隔震支座的破坏对结构层间位移的影响，要小于两个隔震支座破坏对结构层间位移的影响。

（5）从上述对局部隔震失效时对隔震结构影响的分析，可以看出边角位置损伤所导致的影响，要大于中间位置损伤所导致的影响。因此，建议在今后隔震结构设计里，对于边角位置的隔震支座应提高其安全冗余度，并在条件允许的情况下可以提供保护。

（6）处于中间位置的隔震支座失效退出工作，与未有任何隔震支座损伤的情况相比，上部结构某些层的层间位移减小，这种现象是结构损伤后刚度降低引起的。

第 4 章　近断层地震动下隔震结构侧向碰撞响应分析

4.1　引言

基础隔震技术通过设置水平刚度远低于上部结构的隔震系统，有效地控制地面震动向上部结构传递，从而大大延长了结构的自振周期，避开地震的卓越周期。现今使用最广泛的隔震体系是基础隔震体系。几次世界范围的大地震，如 1992 年美国兰德斯地震、1994 年美国北岭地震、1995 年阪神-淡路大地震、1999 年土耳其地震和 2010 年智利地震等，都造成了大量建筑、桥梁结构的破坏以及惨重的人员伤亡[78]。这些地震都包含着近断层地震动这一概念。

近断层脉冲型地震，通常指到断层距离不超过 20 km 的场地震动，这种以断层滑移为本质的地震，具有方向性强、较大的峰值加速度、明显的长周期速度以及位移脉冲等特点。当近断层脉冲型地震作用在有较长周期的基础隔震结构时，隔震支座将产生比较大的变形。实际工程中，在特大地震下，近断层脉冲型地震会导致隔震层变形过大，从而导致基础隔震结构的隔震层上板与周围挡墙发生碰撞的反应[79]，如图 4.1 所示。

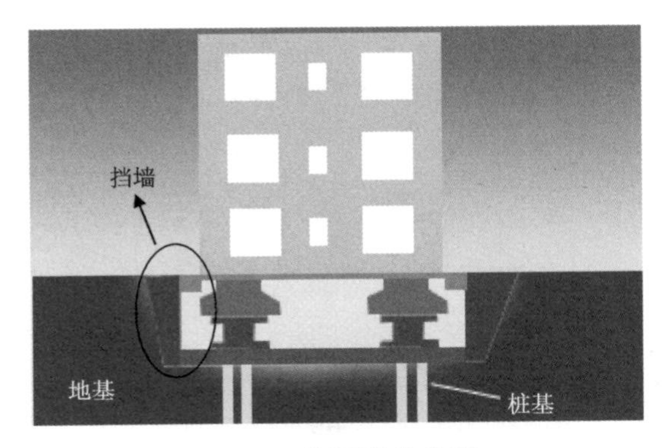

图 4.1　隔震结构体系

4.2　近断层地震动的特点

4.2.1　近断层地震动机理

当地震发生时，断层快速滑动并沿着断裂方向向前发展，地震的能量以地震波的形式向外传播，当断层破裂速度与地震剪切波速一致时，断层破裂能量累积到达幅值，从而引起强烈的地面脉冲运动。一般速度脉冲型运动最为常见。这种速度脉冲型地震动具有类似脉冲的波形较长的脉冲周期和丰富的中长周期分量，其地震动速度峰值（PGV）和加速度峰值（PGA）的比值较大，可能引起大尺度的永久地面位移。

近断层地震发生时具有滑冲效应、向前方向性效应等特点。滑冲效应的突出特点为较大的地面阶跃式的永久位移偏移以及单方向速度脉冲，而向前方向性效应则具有较长持续时间的动力脉冲运动和连续的双向速度半脉冲的特性。图 4.2 显示了两类断层中滑冲效应、向前方向性效应与断层方向的关系[80]。图 4.3 显示了两类断层中带有滑冲效应和向前方向性效应的地面位移运动特点[81]。

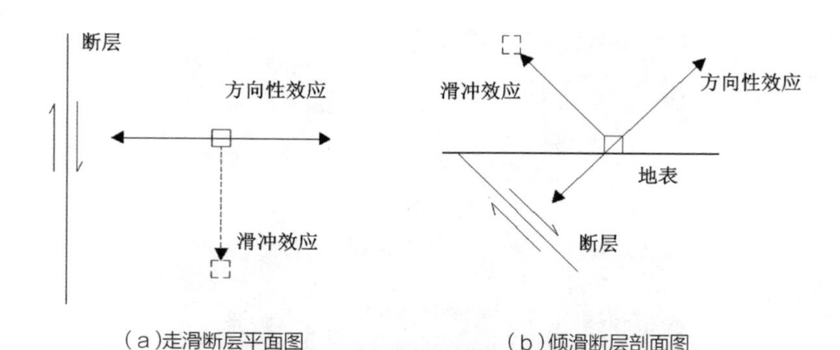

（a）走滑断层平面图　　（b）倾滑断层剖面图

图 4.2　走滑断层和倾滑断层中的向前方向性效应和滑冲效应

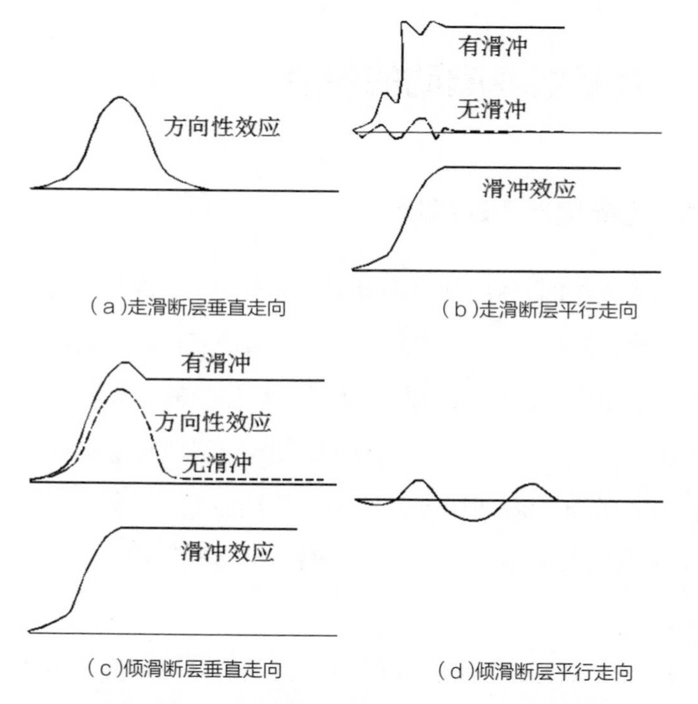

（a）走滑断层垂直走向　　（b）走滑断层平行走向

（c）倾滑断层垂直走向　　（d）倾滑断层平行走向

图 4.3　走滑断层和倾滑断层中向前方向性效应和滑冲效应位移时程

4.2.2　近断层地震动对建筑物影响的研究进展

近断层地震中，由于距离地震断层比较近，所以断层本身的滑动和破裂特性对地面运动的影响较大，和远场地震的地面运动也存在明显的区别。近断层地震最为突出的特点就是具有速度脉冲特性，而引起速度脉冲的因素主要包括近断层地震向前方向性效应和滑冲效应。学者们根据最近的几次近断层地震动的纪录，分析了近断层地震动地面运动的特点建立了若干个简化模型[82，83]：简单方形模型、三角模型、三角函数模型等。

近几年来，结构在近场地震下的响应特征受到学者的广泛关注[80]，而且普遍认为向前方向性效应比滑冲效应对结构具有更大的不确定性的潜在不利影响[84]。Hall[85]等说明，当向前方向性效应的脉冲持续时间与高层结构和基础隔震结构的基本周期接近时会使其发生严重破坏；Chopra[86]等通过计算提出，当考虑足够数量的高阶模态，用传统的反应谱分析方法，来考虑近场地震向前方向性效应对结构的影响能够达到工程所要求的精度。Somerville[87]解释了近场地震向前方向性效应，并建立了基于经验性的计算模型；对于近场地震滑冲效应的研究，还包括 Abrahamson 提出滑冲效应的几个特征参数，即幅值、持续时间和达到时间[88]；Kalkan 等调查了滑冲效应和向前方向性效应对不同周期特性的不同钢框架结构的影响[89]；杨迪雄等通过对隔震建筑结构的研究，认为脉冲型地震动主要激发结构基本周期振型的反应，且滑冲效应引起的速度脉冲对长周期建筑结构的危害尤为突出[90]。

4.2.3　基础隔震碰撞的研究进展

Tsai[91]和 Malhotra[92]对隔震结构的碰撞最早进行了研究，系统地研究了隔震建筑与周围墙体碰撞发生的可能性，模拟时将上部结构简化为了连续剪切变形梁，采用小波理论来分析碰撞的反应。同时采用弹簧阻尼单元来模拟基坑，研究了基底弹簧的刚度、基底板与基坑之间的预留宽度等对隔震建筑碰撞后的反应。Matsagar 和 Jangid[93]对近断层地震作用下不同类型的多自由度隔震结构的碰撞反应进行了调查。Agarwal[94]等对两幢两层建筑间的碰撞进行了研究，分别考虑固结和隔震设计的工况，隔震设计采用的是滑动隔震技术，并应用不同的摩擦系数；Komodromos[95]通过参数分析，证明碰撞对隔震结构的刚度有着不利的影响。樊剑[96]等采用不同的碰撞模型，研究了摩擦型隔震结构与限位装置碰撞时的反应特点，并提出了采用高阻尼橡胶作为缓冲器。

常用的用以分析碰撞反应的方法，一是碰撞动力学法，二是接触单元法。常用的数学模型有[97]：线性弹簧模型，当两个物体接触时，碰撞力与两个物体相对位移成正比，但没有考虑碰撞过程中的能量损失；Kelvin 模型，采用线性黏滞阻尼器来表示能量的损失，也是被较多使用的模型；Hertz 模型，其碰撞弹簧是非线性的，但同样没有考虑碰撞过程中的能量损失。对于 Hertz-damp 模型，现在提出了两种相关的模型：一种认为能量的损失只发生在碰撞过程中两物体质心相互接近的阶段，而两物体质心相互离开时不损失能量；第二种则认为整个模型碰撞过程中都存在能量的损失。

上述研究大多是对隔震结构做出一定的简化，并采用编制程序结合一定的理论基础进行的。在本章中，将采用 Abaqus 建立完整模型，通过输入地震波，分析整个碰撞过程中结构的动力反应。

4.3 Abaqus 有限元建模

4.3.1 上部结构设计

首先，采用 PKPM 进行设计。结构为一座钢框架-混凝土楼板结构。建筑总高度 15 m，共 5 层，层高 3 m，结构平面布置如图 4.4 所示。建筑长度 9 m（4.5 m×2），宽度 4.5 m。梁、柱均采用热轧 H 型钢，压型钢板组合楼(屋)面，钢材 Q235。楼面恒载 3.0 kPa，楼面活载 2.5 kPa，屋面恒载 4.5 kPa，屋面活载 0.5 kPa。恒、活荷载均折算为面荷载。

该结构的上部结构平面布置见图 4.4，其梁柱几何截面参数见表 4.1、表 4.2。

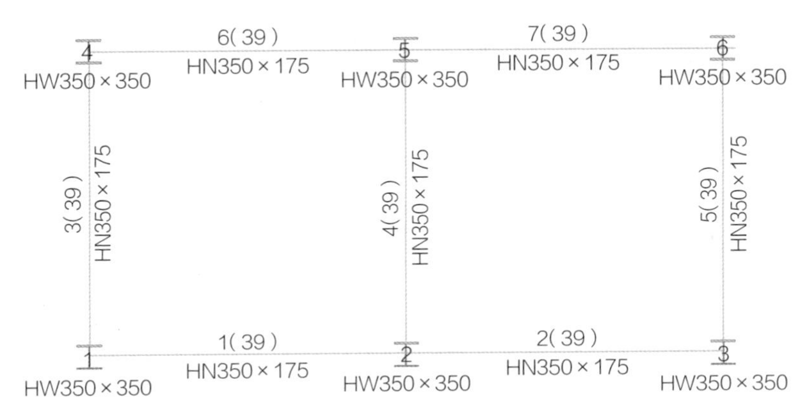

图 4.4　上部结构平面布置

表 4.1　主要构件几何特性

构件	尺寸(mm)				截面面积(cm²)	单位重(kg/m)
	H	B	t_w	t		
框架梁	350	175	7	11	63.66	50
框架柱	350	350	12	19	173.9	137

表 4.2　主要构件截面特性

构件	截面特性					
	I_x(cm⁴)	W_x(cm²)	i_x(cm)	I_y(cm⁴)	W_y(cm²)	i_y(cm)
梁	13 700	728	14.7	985	113	3.93
柱	40 300	2300	15.2	13 600	776	8.84

框架梁柱线刚度计算如下：

梁:

$$i_{梁}=\frac{EI}{L}=\frac{2.06\times10^5\times13\,700\times10^4}{4500}$$
$$=6.27\times10^9\ \mathrm{N\cdot mm}=6.27\times10^3\ \mathrm{kN\cdot m}$$

柱:

$$i_{柱}=\frac{EI}{L}=\frac{2.06\times10^5\times13\,600\times10^4}{4500}$$
$$=6.23\times10^9\ \mathrm{N\cdot mm}=6.23\times10^3\ \mathrm{kN\cdot m}$$

楼板采用C30混凝土楼板,厚度为100 mm。

4.3.2 隔震层设计

经过计算,选择的支座布置及其参数见表4.3、表4.4。

表4.3 支座布置

序号	支座型号	长期轴力 N_i(kN)	100%剪切应变时的水平变形(mm)	个数
1	GZY300	193.21	80	4
2	GZY300	406.76	80	2

表4.4 支座基本力学参数

型号	屈服力(kN)	屈服后刚度(kN/mm)	竖向压缩刚度(kN/mm)	竖向拉伸刚度(kN/mm)
LRB300	24.032	0.537 15	939.25	120.56

根据第3章提出的考虑强化效应的隔震支座水平本构关系,可以总结考虑强化段的支座水平行为得出表4.5,并定义当支座的水平位移超过350%剪切应变的时候,即超过0.28 m后发生失效,不再继续提供刚度。

表 4.5　考虑强化段的水平行为

编号	力(kN)	位移(mm)	编号	刚度(kN/mm)
A	24.032	3.42	K_1	6.9810
B	108.585	160	K_2	0.5370
C	173.385	240	K_3'	0.8055
D	281.385	280	K_4	2.6850

4.3.3　碰撞模型有限元建模

4.3.3.1　原隔震结构有限元建模

钢框架采用梁单元 B31 模拟，楼板、隔震层上板以及地面均采用壳单元 S4R 进行模拟，隔震支座简化模型采用 connector 单元进行模拟。原隔震结构建模结果如图 4.5、图 4.6 所示。

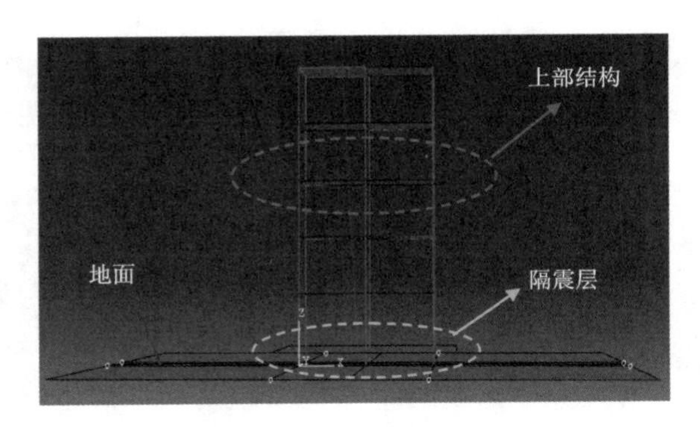

图 4.5　整体结构有限元模型

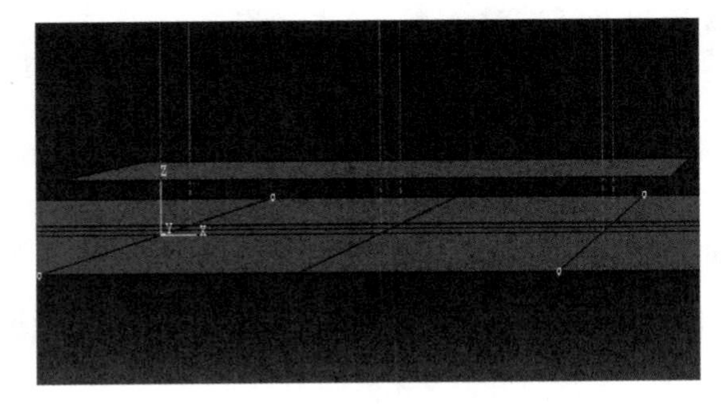

图 4.6　隔震层有限元模型

4.3.3.2 碰撞模型有限元建模

1）碰撞模型

本章中，分别对钢和混凝土两种材料定义了损伤模型，混凝土采用第 3 章的 C30 混凝土损伤参数，钢材使用 Q235 型号，定义其损伤应变超过 0.020 m 时失效，并去除失效单元。结构的碰撞模型如图 4.7 所示，分别考虑软碰撞与硬碰撞的不同碰撞形式，并设定不同的间距。

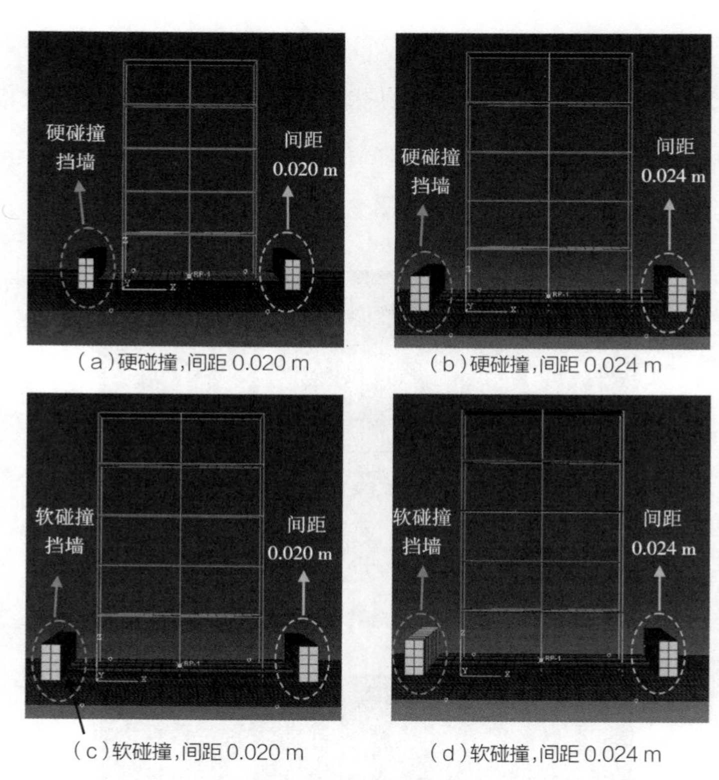

（a）硬碰撞，间距 0.020 m　（b）硬碰撞，间距 0.024 m

（c）软碰撞，间距 0.020 m　（d）软碰撞，间距 0.024 m

图 4.7　结构碰撞模型

2）挡墙的建模

针对挡墙的模拟，考虑了两方面因素的影响：一是挡墙与隔震层上板的间距，模拟中分别设置了距离为 0.020 m、0.024 m，分别对应挡墙远近不同的两种位置；二是挡墙的刚度对隔震结构地震响应的影响，在模拟中分别设置了两种不同弹性模量的挡墙，对比硬碰撞和软碰撞下的情况。

3)重力加载

重力加载设置为 5 s，在前 4 s 内，加速度线性增加，从 0 逐步增加至 9.8 m/s^2，并在 4~5 s 内维持重力加速度为 9.8 m/s^2。

4)近断层地震波选取

输入地震波选取 1995 年日本的阪神-淡路大地震(M_w=6.9)记录的地震波，即 Kobe 地震波，如图 4.8 所示，其地面峰值加速度(PGA)为 0.821g，该地震波的地面峰值速度(PGV)为 81.3 cm/s，峰值地面位移(PGD) 17.68 cm。经过试算，取 Kobe 地震波的前 15 s 作为地震动输入，在研究中设置总时间为 20 s，并将地震波峰值调整到 1g。

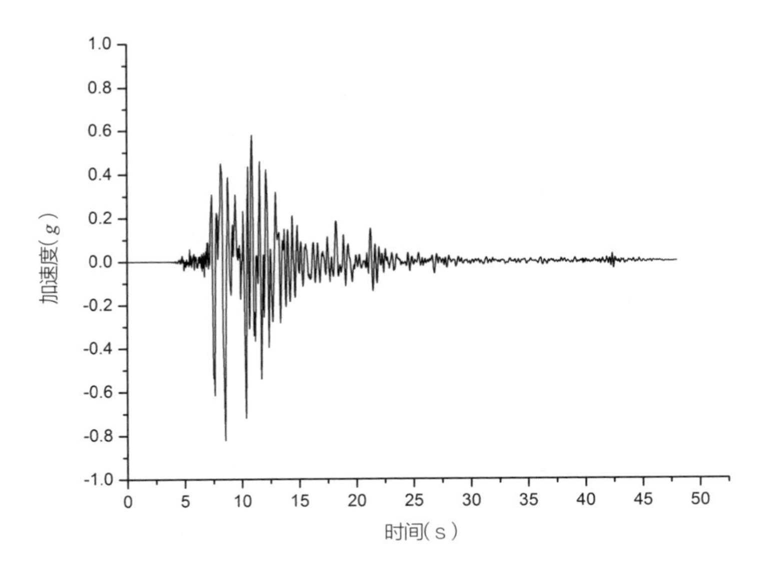

图 4.8　阪神地震波波形

4.4 数值模拟结果

数值模拟分析一共采用 5 种工况进行分析，工况具体情况列于表 4.6 中。

表 4.6 工况信息

工况编号	地震加速度峰值	碰撞性质	间隔距离
1	1 *g*	无	无
2	1 *g*	硬碰撞	0.020 m
3	1 *g*	硬碰撞	0.024 m
4	1 *g*	软碰撞	0.020 m
5	1 *g*	软碰撞	0.024 m

4.4.1 工况 1：无碰撞

工况 1 中，未设置挡墙，即为无碰撞的情况，研究隔震结构在加速度峰值为 1 *g* 的阪神地震波作用下的结构响应。

（1）顶层加速度如图 4.9 所示，峰值为 6.06 m/s^2。

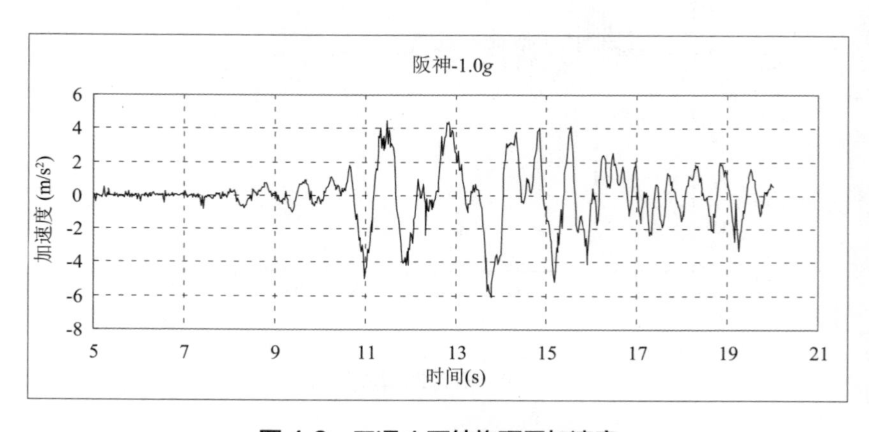

图 4.9 工况 1 下结构顶层加速度

（2）结构各层的加速度和层间位移如图 4.10、图 4.11 所示，其中最大加速度值为 10 m/s^2，最大层间位移为 251.334 mm，均发生于隔震层。上部结构层间位移角倒数如图 4.12 所示。上部结构的最大层间位移出现在 1 层与 2 层之间。

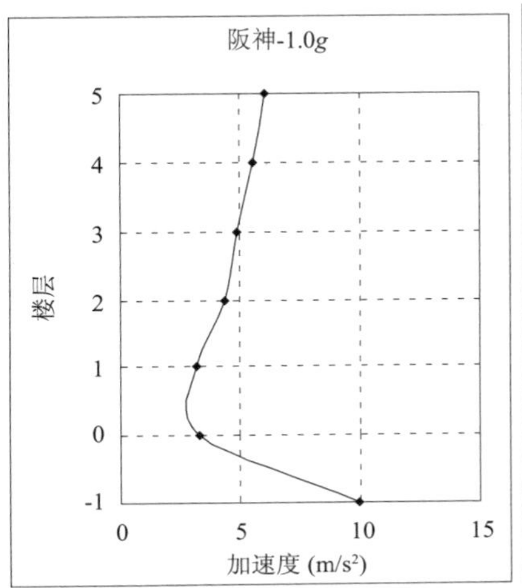

图 4.10　结构各层加速度

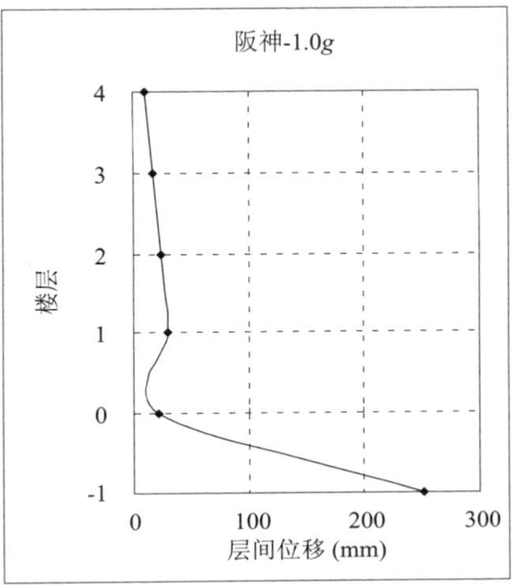

图 4.11　结构各层层间位移

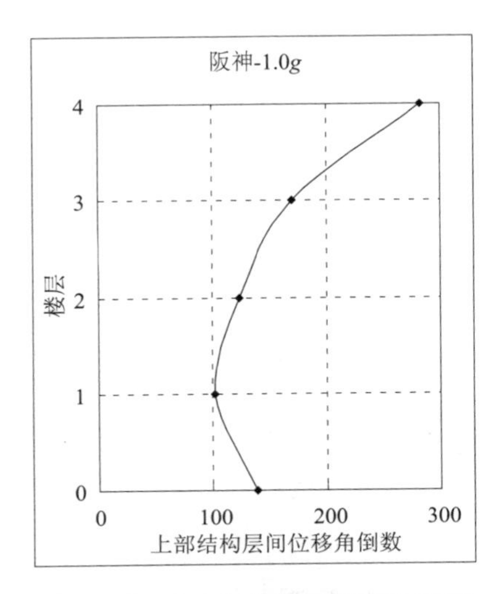

图 4.12　上部结构层间位移角倒数

4.4.2 工况 2:硬碰撞,间距 0.020 m

在工况 2 中,设置硬碰撞挡墙,其与隔震层上板的间隔距离设置为 0.020 m,研究隔震结构在加速度峰值为 1 g 的阪神地震波作用下的结构响应。

(1)隔震结构在 20 s 计算时间内与挡墙发生一次碰撞。碰撞力大小如图 4.13 所示,其峰值为 1 007.55 kN。

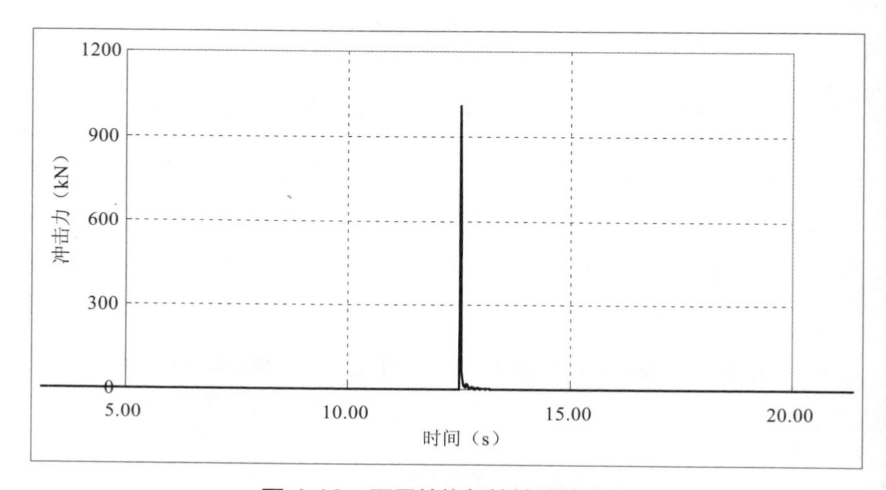

图 4.13　隔震结构与挡墙间撞击力

(2)碰撞后挡墙的应力云图如图 4.14 所示。

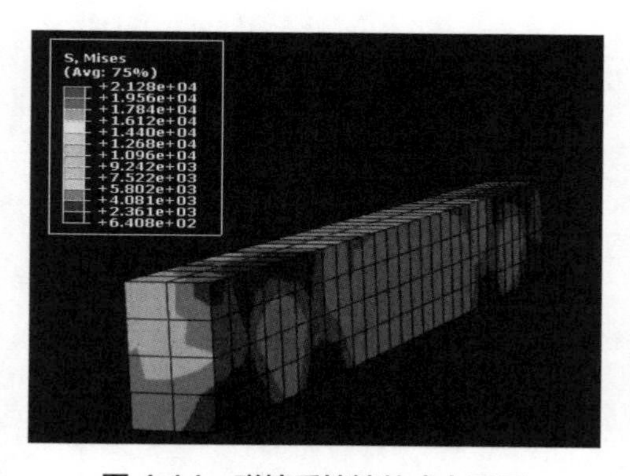

图 4.14　碰撞后挡墙的应力云图

（3）顶层加速度如图 4.15 所示，峰值为 29.38 m/s²。

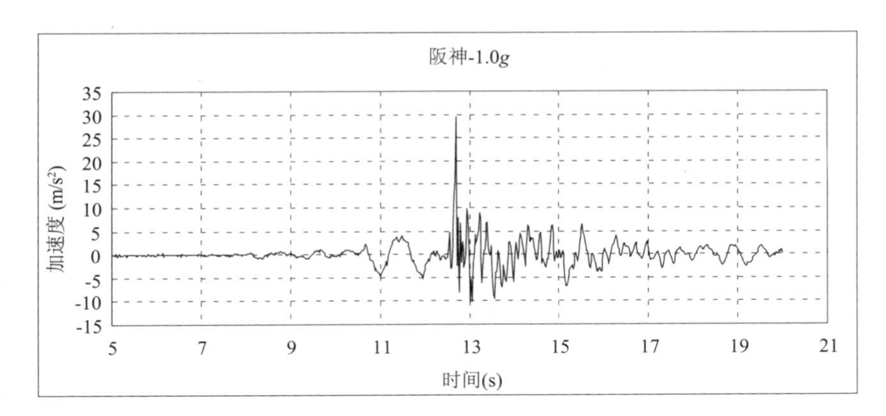

图 4.15　结构顶层加速度

（4）各层的加速度和层间位移以及上部结构层间位移角倒数如图 4.16~图 4.18 所示。其中最大加速度值为 54.8 m/s²，出现于底层；最大层间位移为 199 mm，出现于隔震层~底层。上部结构的最大层间位移出现在 3 层与 4 层之间。

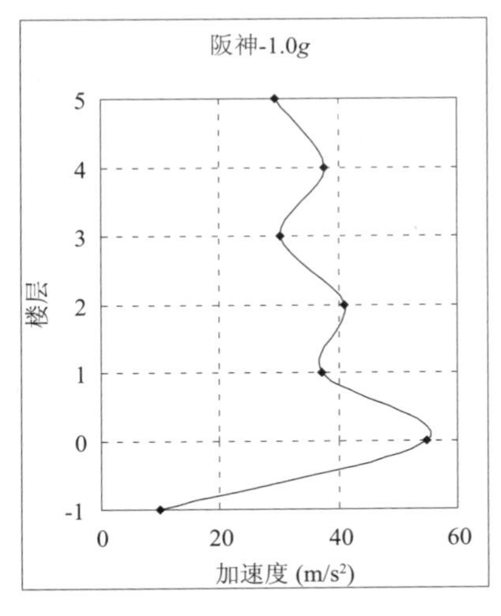

图 4.16　结构各层加速度

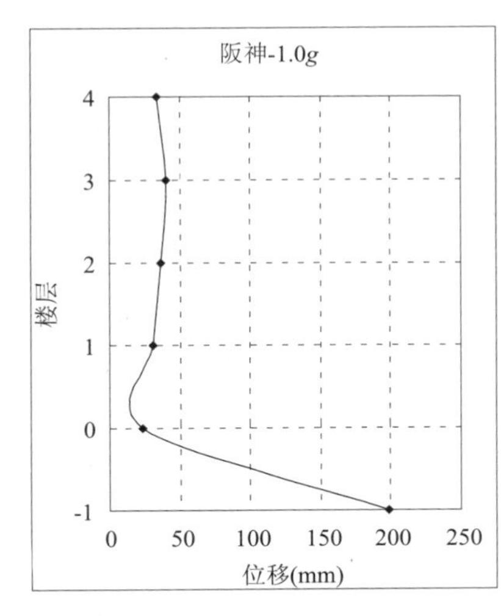

图 4.17　结构各层间位移

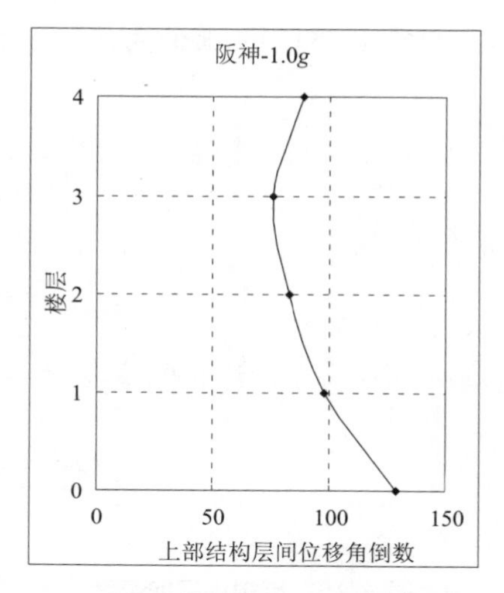

图 4.18　上部结构层间位移角倒数

4.4.3　工况 3:硬碰撞,间距 0.024 m

在工况 3 中,设置硬碰撞挡墙,其与隔震层上板的间隔距离设置为 0.024 m,研究隔震结构在加速度峰值为 1 g 的阪神地震波作用下的结构响应。

(1)隔震结构在 20 s 计算时间内与挡墙发生一次碰撞,碰撞力大小如图 4.19 所示,其峰值为 832.51 kN。

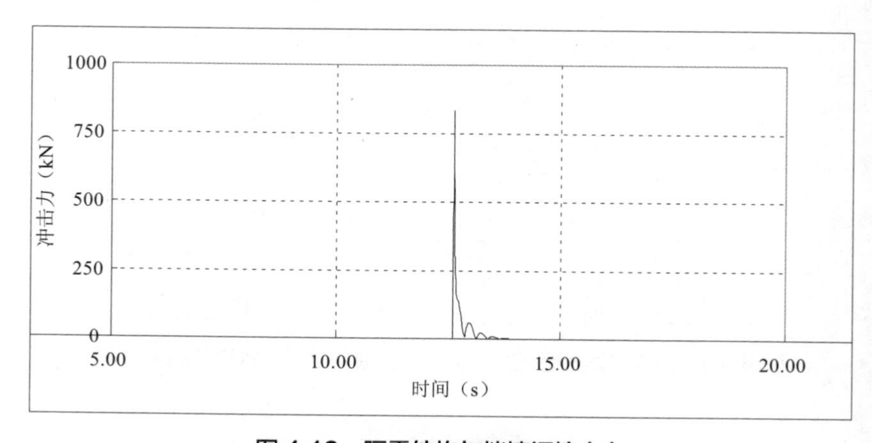

图 4.19　隔震结构与挡墙间撞击力

（2）碰撞后挡墙的应力云图如图 4.20 所示。

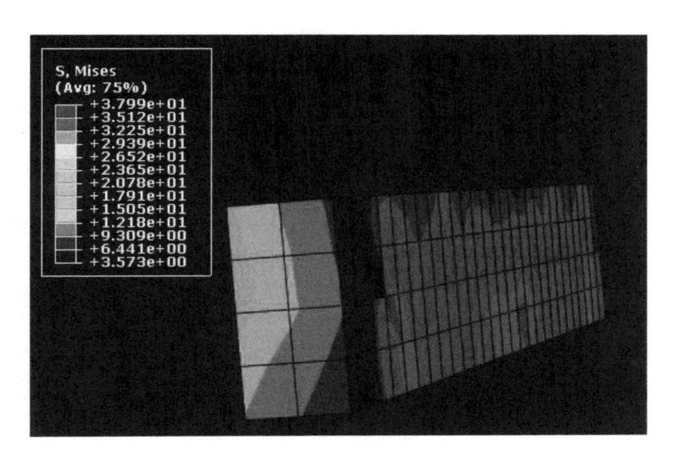

图 4.20　碰撞后挡墙的应力云图

（3）顶层加速度如图 4.21 所示，峰值为 19.44 m/s^2

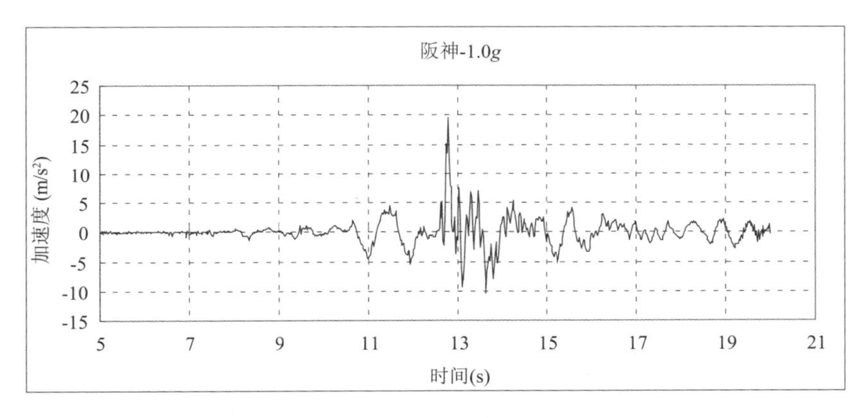

图 4.21　顶层加速度

（4）各层的加速度和层间位移以及上部结构层间位移角倒数如图 4.22~图 4.24 所示。其中最大加速度值为 67.24 m/s^2，出现于 1 层；最大层间位移为 209.66 mm，出现于隔震层~底层。上部结构的最大层间位移出现在 2 层与 3 层之间。

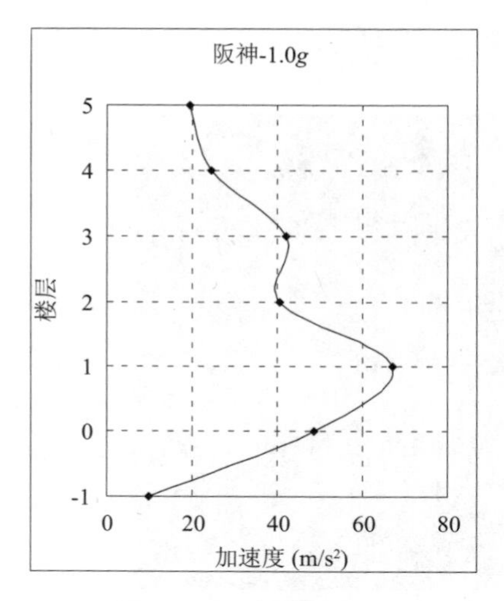

图 4.22　各层加速度

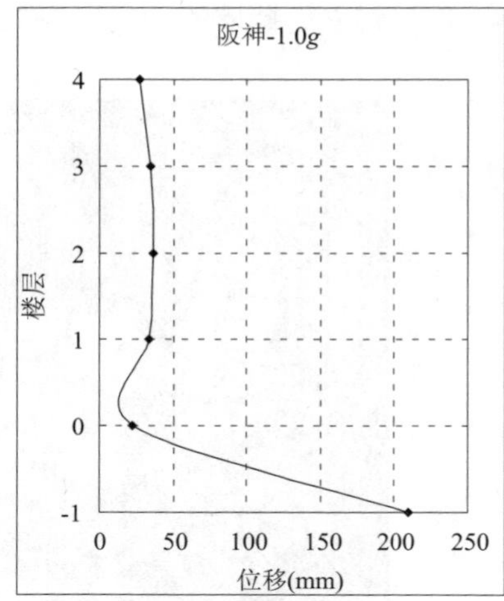

图 4.23　各层层间位移

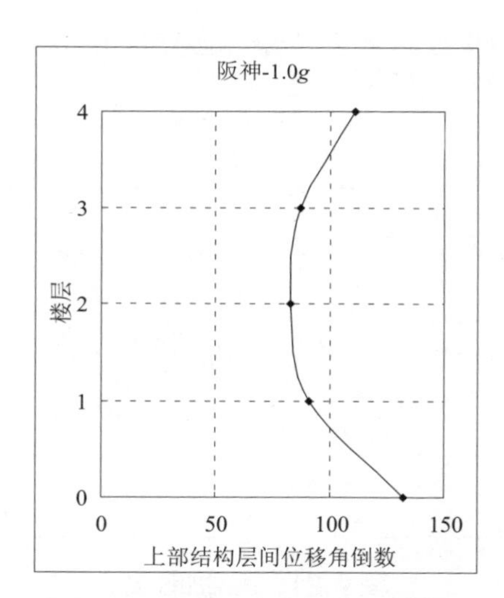

图 4.24　上部结构层间位移角倒数

4.4.4　工况 4:软碰撞,间距 0.020 m

在工况 4 中,设置软碰撞挡墙,其与隔震层上板的间隔距离设置为 0.020 m,研究隔震结构在加速度峰值为 1 g 的阪神地震波作用下的结构响应。

（1）隔震结构在 20 s 计算时间内与挡墙发生一次碰撞。碰撞力大小如图 4.25 所示，其峰值为 416.59 kN。

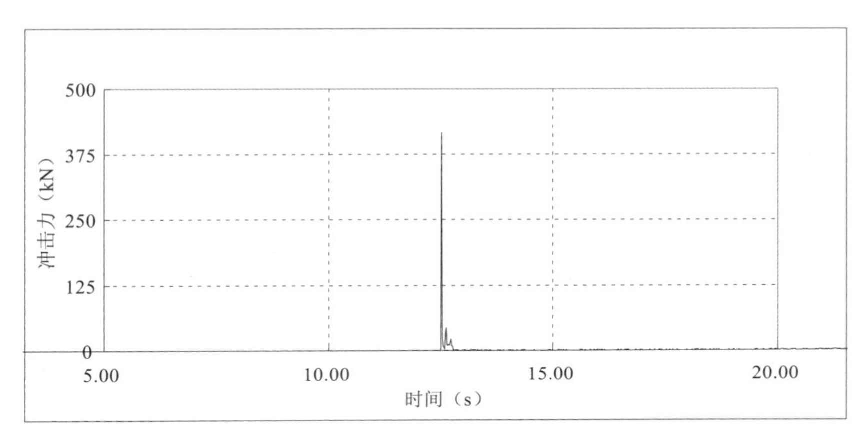

图 4.25　隔震结构与挡墙间撞击力

（2）碰撞后挡墙的应力云图如图 4.26 所示。

图 4.26　碰撞后挡墙的应力云图

（3）顶层加速度如图 4.27 所示，峰值为 19.76 m/s^2。

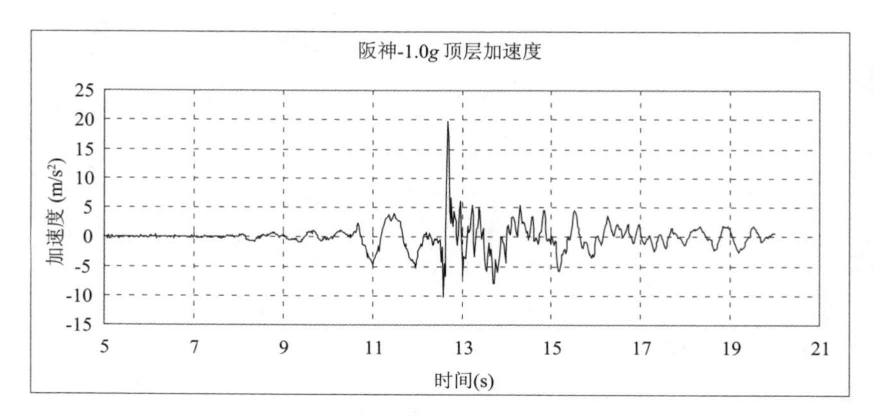

图 4.27　顶层加速度

（4）各层的加速度和层间位移以及上部结构层间位移角倒数如图 4.28~图 4.30 所示。其中最大加速度值为 48.56 m/s^2，出现于 1 层；最大层间位移为 217.16 mm，出现于隔震层~底层。上部结构的最大层间位移出现在 1 层与 2 层之间。

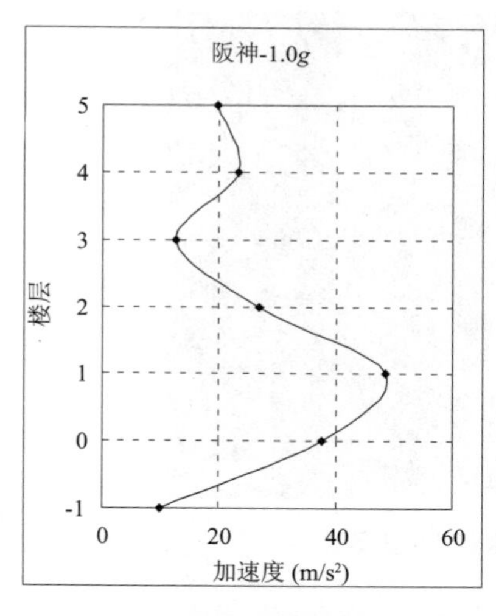

图 4.28　各层加速度

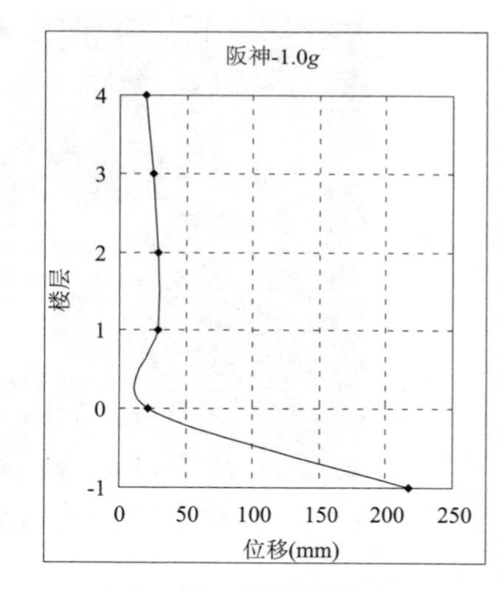

图 4.29　各层层间位移

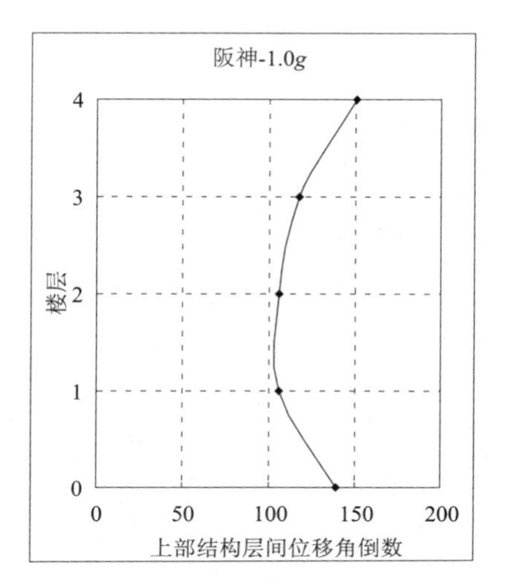

图 4.30　上部结构层间位移角倒数

4.4.5　工况 5：软碰撞，间距 0.024 m

在工况 5 中，设置软碰撞挡墙，其与隔震层上板的间隔距离设置为 0.024 m，研究隔震结构在加速度峰值为 1 g 的阪神地震波作用下的结构响应。

（1）隔震结构在 20 s 计算时间内与挡墙发生一次碰撞，碰撞力大小如图 4.31 所示，其峰值为 227.4 kN。

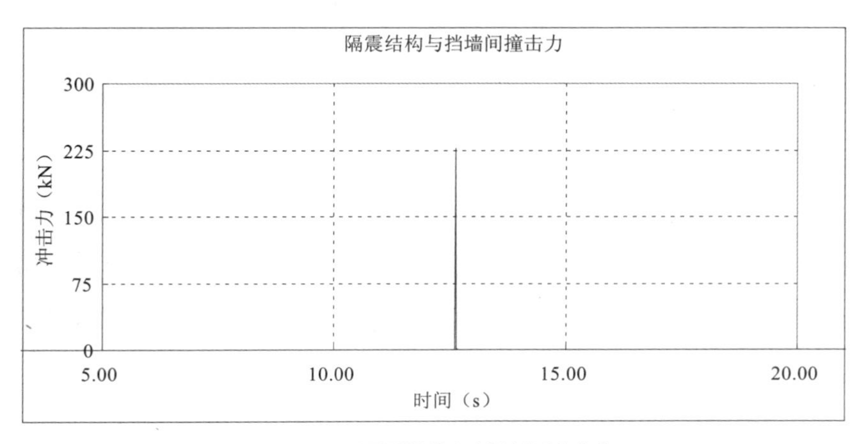

图 4.31　隔震结构与挡墙间撞击力

（2）碰撞后挡墙的应力云图如图 4.32 所示。

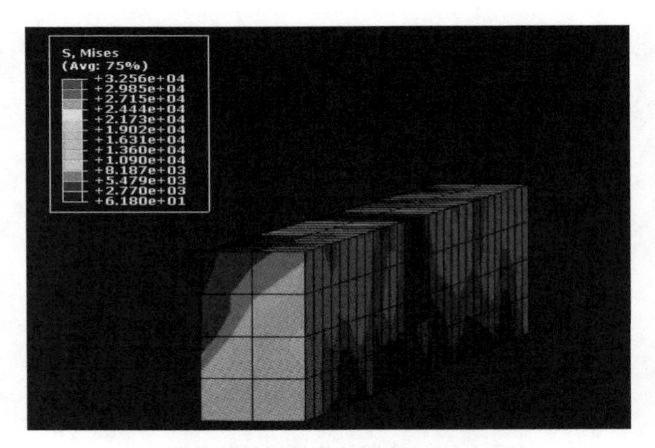

图 4.32 碰撞后挡墙的应力云图

（3）顶层加速度如图 4.33 所示，峰值为 14.81 m/s²。

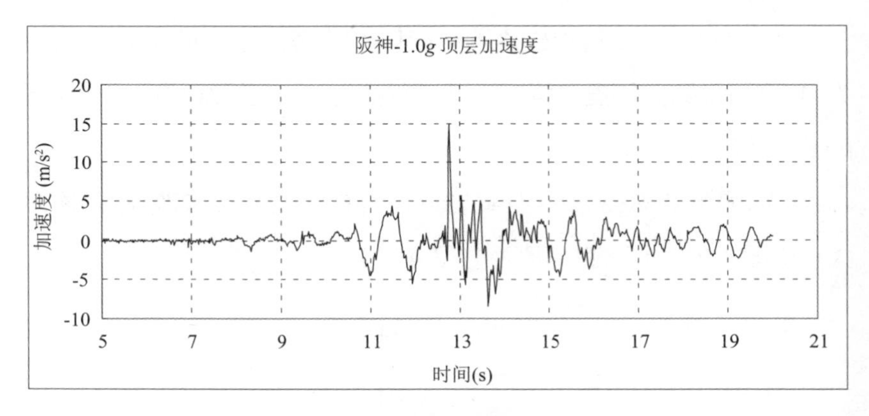

图 4.33 顶层加速度

（4）各层的加速度和层间位移以及上部结构层间位移角倒数如图 4.34~图 4.36 所示。其中最大加速度值为 34.06 m/s²，发生于底层；最大层间位移为 222.45 mm，发生于隔震层~底层。上部结构的最大层间位移出现在 1 层与 2 层之间。

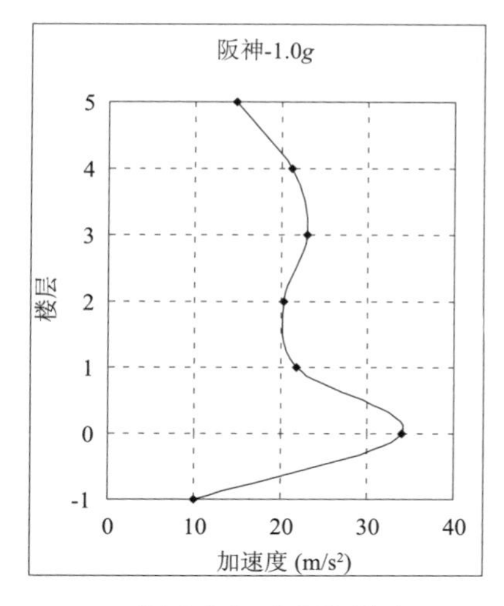

图 4.34　各层加速度

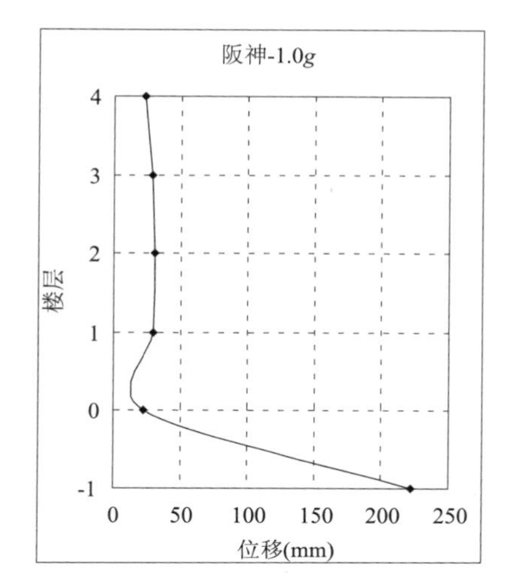

图 4.35　各层层间位移

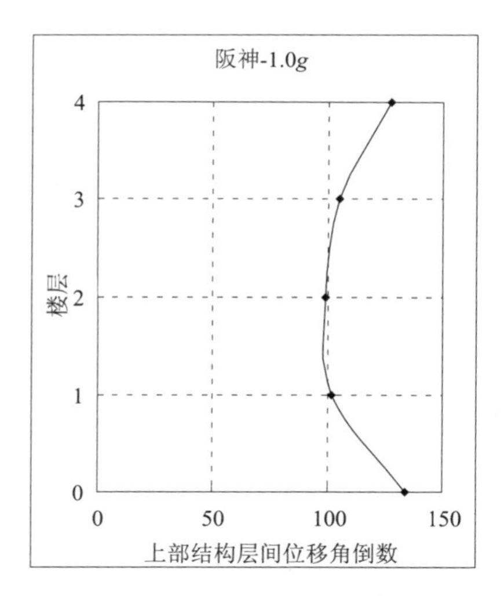

图 4.36　上部结构层间位移角倒数

4.5 数值结果对比分析

4.5.1 结构顶层加速度峰值对比

各工况下的结构顶层加速度峰值列于表 4.7 中。

表 4.7 各种工况下顶层加速度

编号	工况	顶层加速度峰值(m/s^2)
工况 1	无碰撞	6.06
工况 2	硬碰撞,间距 0.020 m	29.38
工况 3	硬碰撞,间距 0.024 m	19.44
工况 4	软碰撞,间距 0.020 m	19.76
工况 5	软碰撞,间距 0.024 m	14.81

在发生碰撞的 4 个工况中,工况 2,即硬碰撞间距 0.020 m 时产生的顶层加速度是最大的,与无碰撞的工况 1 中的对应值相比,放大了 4.85 倍;工况 3,即硬碰撞间距 0.024 m 时的结构顶层加速度放大了 3.21 倍;工况 4,即软碰撞间距 0.020 m 时的结构顶层加速度放大了 3.26 倍;工况 5,即软碰撞间距 0.024 m 时的结构顶层加速度放大了 2.44 倍。

由此可见:一方面,无论碰撞的性质如何,间距大小如何,碰撞后都会使上部结构的顶层加速度峰值有不同程度的放大;另一方面,比较而言,硬碰撞比软碰撞的放大效应更大,且间距越远,放大效应越小。

4.5.2 结构各层加速度峰值对比

各工况下,结构各层加速度峰值如表 4.8 和图 4.37 所示。

表 4.8　各工况下结构各层加速度峰值　　　　（单位:m/s²）

编号	工况	隔震层	地面	1 F	2 F	3 F	4 F	5 F
工况 1	无碰撞	10.00	3.33	3.17	4.35	4.86	5.53	6.06
工况 2	硬碰撞,间距 0.020 m	10.00	54.80	37.20	41.02	30.21	37.58	29.38
工况 3	硬碰撞,间距 0.024 m	10.00	48.68	67.24	40.56	41.97	24.33	19.44
工况 4	软碰撞,间距 0.020 m	10.00	37.63	48.56	26.85	12.58	23.18	19.76
工况 5	软碰撞,间距 0.024 m	10.00	34.06	21.83	20.25	23.00	21.15	14.81

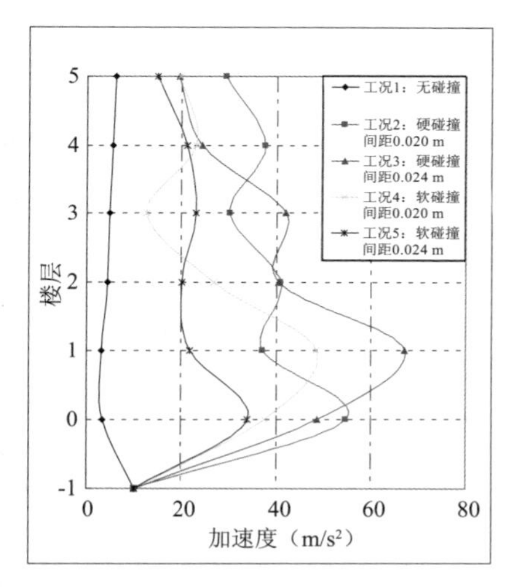

（a）不同工况下各层加速度峰值

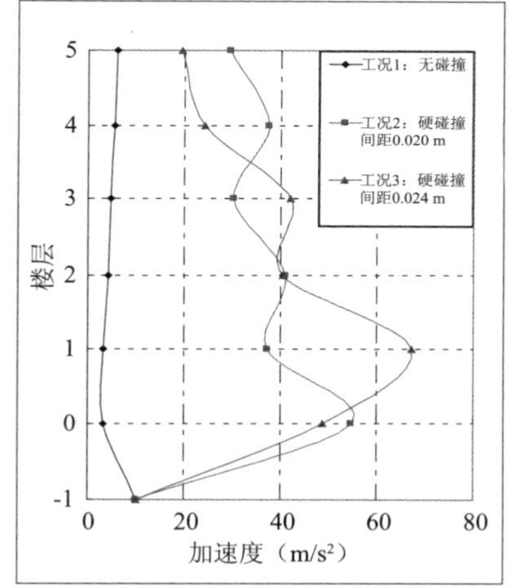

（b）工况 1、2、3 下各层加速度峰值

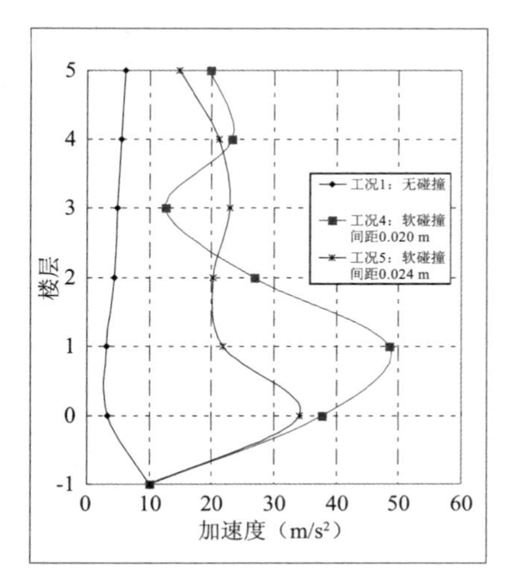

（c）工况 1、4、5 下各层加速度峰值

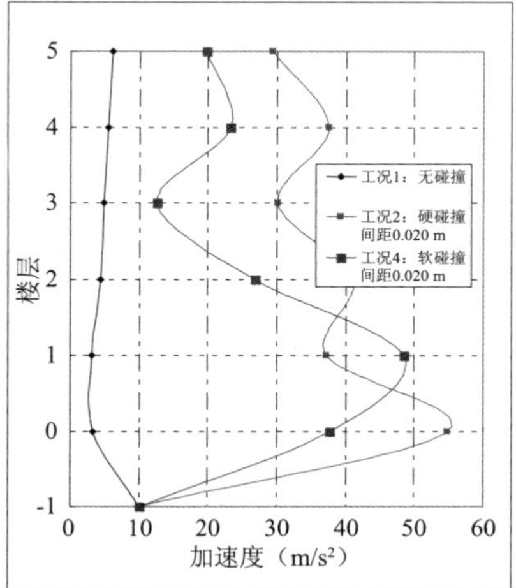

（d）工况 1、2、4 下各层加速度峰值

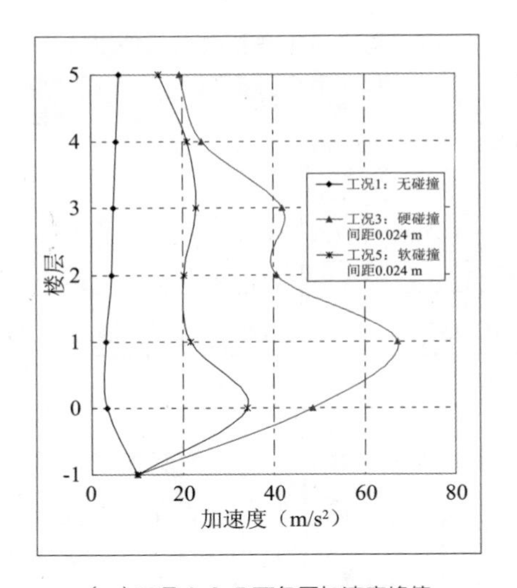

（e）工况 1、3、5 下各层加速度峰值

图 4.37　各工况下结构各层加速度峰值

从图 4.37（a）中可以看出，工况 1 中无碰撞情况下结构各层的加速度峰值最小，无论碰撞的性质和间距大小如何，碰撞后都会使结构各层加速度峰值有不同程度的放大。总体而言，硬碰撞的加速度放大效应超过软碰撞，不同间距的碰撞产生的放大效应对各层的影响也是不同的。

从图 4.37（b）中可以看出，对隔震层来说，工况 2，即硬碰撞间距 0.020 m 的情况产生的加速度放大效应要大于工况 3 中硬碰撞间距 0.024 m 的情况，即刚度相同时，间距较大的情况对应的加速度放大效应较小。而对于上部结构却没有这样明显的规律，例如上部结构的第 1、3 层，工况 3 产生的加速度放大效应要大于工况 2，而在上部结构的第 4、5 层则刚好相反，但是，总体上与隔震层显示出的规律相同。

从图 4.37（c）中可以得出相同规律，对隔震层来说，工况 4，即软碰撞间距 0.020 m 的情况产生的加速度放大效应要大于工况 5 中软碰撞间距 0.024 m 的情况。而上部结构规律不是很明显，例如工况 5 在上部结构第 3 层产生的放大效应要大于工况 4。

同样，从图 4.37（d）和（e）中可以总结得出，对于隔震层，在相同碰撞间距的情况下，硬碰撞产生的加速度放大效应要大于软碰撞，即刚度越大，加速度放大效应越大。例如，工况 2 产生的隔震层加速度放大效应大于工况 4，工况 3 产生的隔震层加速度放大效应大于工况 5。但对于上部结构，没有这样明显的规律，例如对于第 1 层，工况 4 在上部结构第 3 层产生的放大效应要大于工况 2，但总体上大致与隔震层的规律相同。

总体来说，硬碰撞产生的加速度放大效应要大于软碰撞产生的放大效应；间隔距离越小，加速度放大效应越大。隔震层的表现最符合规律，上部结构大体符合规律却又会有所不同。对于不同的建筑结构模型，其结构本身的振型不同，选择输入的地震动不同，上部结构的加速度放大效应就会有所不同，但大体上与数值模拟结果相当。

4.5.3　各层层间位移对比

各工况下，结构各层间位移如表 4.9 和图 4.38 所示。

表 4.9　各种工况下各层层间位移值　　（单位：mm）

编号	工况	地面~隔震层	隔震层~1 F	1 F~2 F	2 F~3 F	3 F~4 F	4 F~5 F
工况 1	无碰撞	251.33	21.72	29.60	24.23	17.72	10.61
工况 2	硬碰撞，间距 0.020 m	198.89	23.34	30.65	36.56	39.86	33.72
工况 3	硬碰撞，间距 0.024 m	209.68	22.85	33.16	36.36	34.67	27.22
工况 4	软碰撞，间距 0.020 m	217.16	21.62	28.52	28.52	25.52	19.88
工况 5	软碰撞，间距 0.024 m	222.53	22.47	29.51	30.42	28.78	23.66

从图 4.38（a）中可以看出，上部结构在无碰撞时层间位移最小，隔震层位移则最大，隔震层上板与挡墙碰撞后，可以对隔震层起到一定的限位作用，但上部结构的各层间位移均有不同程度的增加。

从图 4.38（b）和（c）中分析可知，在硬碰撞的情况下，碰撞的距离越大，隔震层的限位作用越不明显，但碰撞对上部结构各层间位移的放大效应也越少。这条规律在硬碰撞中表现较为明显，例如（b）图中，在工况 2，即硬碰撞间距 0.020 m 的情况下，结构 2 F—3 F、3 F—4 F 以及 4 F—5 F 位置的层间位移要比工况 3，即硬碰撞间距 0.024 m 情况下的对应值大，但对于隔震层，则是工况 3 下的位移较大。但是在软碰撞中，上部结构的总体规律则相反，例如在工况 5，即软碰撞间距 0.024 m 的情况下，上部结构的层间位移都要比工况 4，即软碰撞间距 0.020 m 情况下的对应值大。

从图 4.38（d）和（e）中分析可知，在间距相同的情况下，硬碰撞相较于软碰撞的限位作用明显一些，但上部结构层间位移增加也相对更多。例如（d）图中，工况 2，即硬碰撞间距 0.020 m 的情况下，隔震层位移小于工况 4，即软碰撞间距 0.020 m 的对应值，但工况 2 下上部结构的层间位移均比工况 4 下上部结构的层间位移大。同样，在图（e）中，工况 3 下上部结构的层间位移均比在工况 5 下上部结构的层间位移大，但隔震层位移更小。

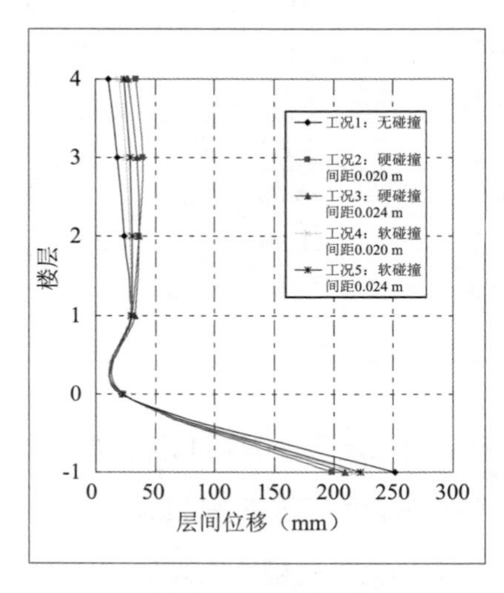

（a）不同工况下结构各层间位移

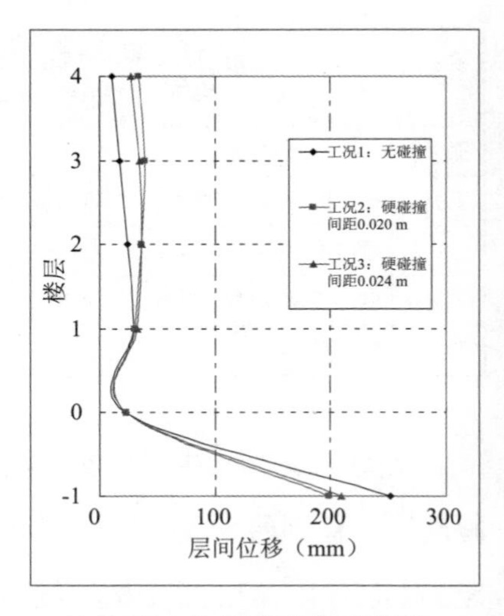

（b）工况 1、2、3 下结构各层间位移

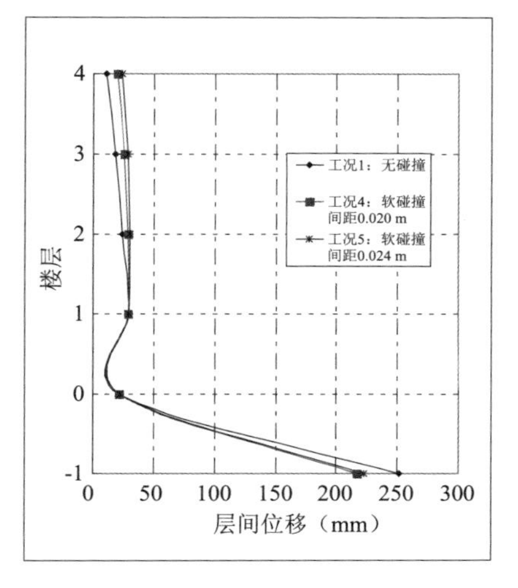

（c）工况 1、4、5 下各层间位移

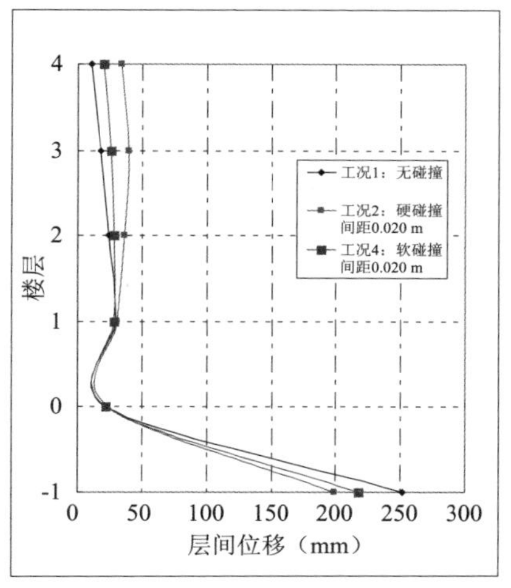

（d）工况 1、2、4 下各层间位移

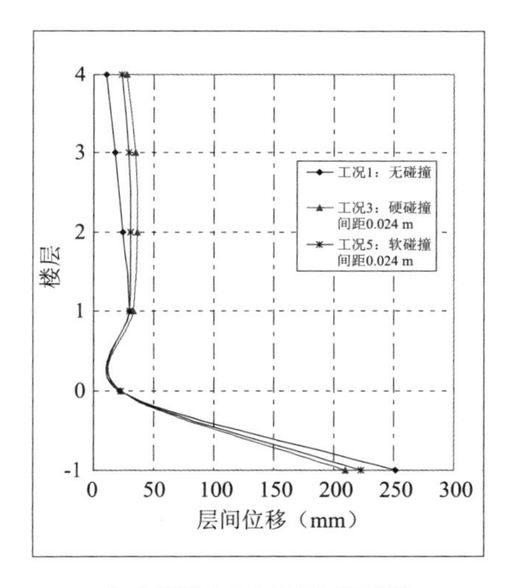

（e）工况 1、3、5 下各层间位移

图 4.38　各工况下结构各层间位移

因此，可以总结出：在相同的碰撞距离下，硬碰撞工况下的层间位移都要比在软碰撞工况下的层间位移大。对于硬碰撞工况而言，基本规律是碰撞距离越近，上部结构层间位移放大越多，隔震层限位越明显。但是，软碰撞工况则相反，间隔距离越远，上部结构的层间位移放大越多。例如，在硬碰撞的情况下，间距为 0.020 m 时产生的最大层间位移，是间距为 0.024 m 时产生的最大层间位移的 1.1 倍；在软碰撞的情况下，间距为 0.024 m 时产生的最大层间位移，是间距为 0.020 m 时产生的最大层间位移的 1.07 倍。

4.5.4 上部结构层间位移角倒数对比

各工况下，上部结构层间位移角倒数如表 4.10 和图 4.42 所示。

表 4.10 各种工况下上部结构层间位移角倒数

编号	工况	隔震层~1 F	1 F~2 F	2 F~3 F	3 F~4 F	4 F~5 F
工况 1	无碰撞	139	102	124	170	283
工况 2	硬碰撞，间距 0.020 m	129	98	83	76	89
工况 3	硬碰撞，间距 0.024 m	132	91	83	87	111
工况 4	软碰撞，间距 0.020 m	139	106	106	118	151
工况 5	软碰撞，间距 0.024 m	134	102	99	105	127

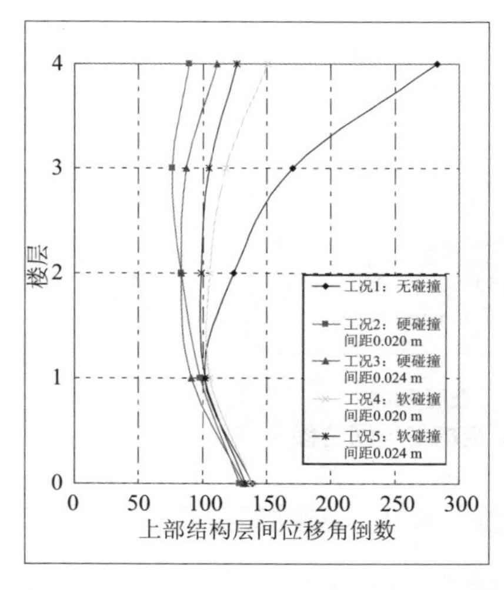

（a）不同工况下各层间位移角倒数

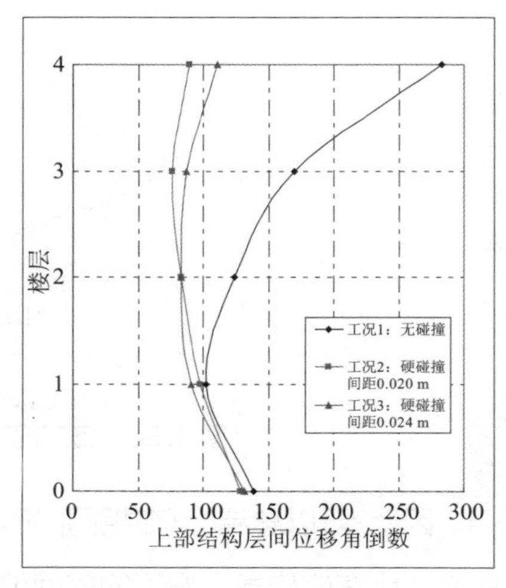

（b）工况 1、2、3 下各层间位移角倒数

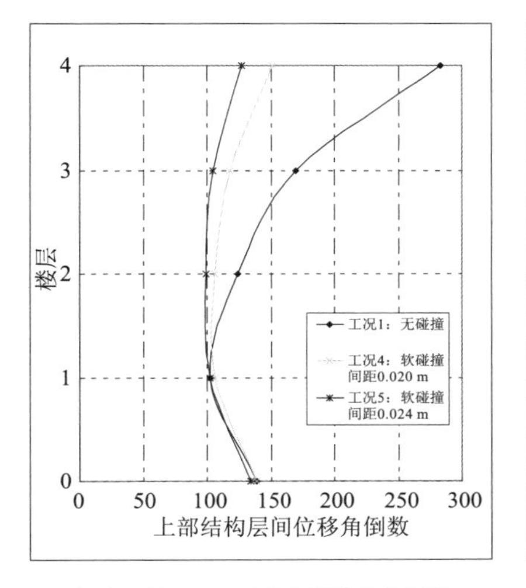

（c）工况 1、4、5 下各层间位移角倒数

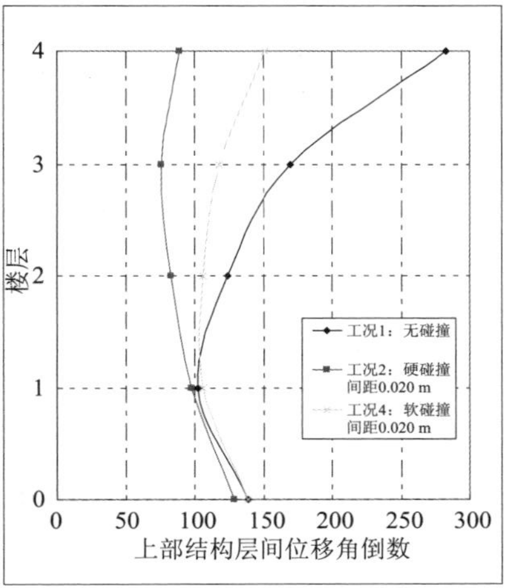

（d）工况 1、2、4 下各层间位移角倒数

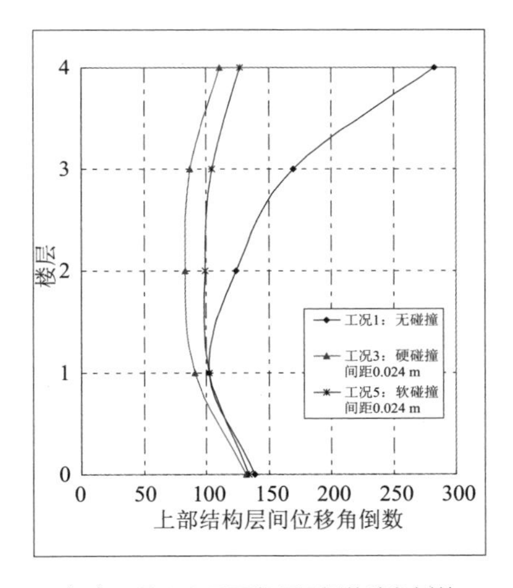

（e）工况 1、3、5 下各层层间位移角倒数

图 4.39　各工况下各层间位移角倒数

从图 4.39 可以看出，碰撞后的上部结构的层间位移角倒数基本上都要小于不发生碰撞的上部结构的层间位移角倒数，这说明碰撞加速了上部结构的塑性化。硬碰撞要比软碰撞对上部结构产生更大的塑性变化。

4.6 本章小结

在本章中,首先总结了近断层地震的特点以及对建筑物影响的研究进展;其次叙述了基础隔震建筑与挡墙碰撞的研究进展;最后选取一条近断层地震波,并采用 Abaqus 有限元软件,对某五层钢结构基础隔震建筑在近断层地震作用下与挡墙发生碰撞进行了模拟,分析上部结构以及挡墙的动力反应特性。在模拟过程中,分别考虑与隔震层上板不同距离的挡墙位置以及挡墙的刚度变化对挡墙和上部结构的影响,得到的主要结论如下:

(1)无论碰撞的性质、间距大小如何,碰撞后都会使上部结构的顶层加速度峰值有不同的放大。相比较,硬碰撞比软碰撞产生的放大效应更大些,间距越远,放大效应越小。硬碰撞下,间距为 0.020 m 的情况下顶层加速度放大了 4.85 倍,间距为 0.024 m 的情况下放大了 3.21 倍;软碰撞下,间距为 0.020 m 的情况下顶层加速度放大了 3.26 倍,间距为 0.024 m 的情况下放大了 2.44 倍。

(2)总体上来说,硬碰撞产生的各层加速度放大效应要大于软碰撞产生的放大效应,间隔距离越近,产生的各层加速度放大效应也越大。但考虑到结构本身的阵型和输入地震动的不同,某些层的加速度也有出现突变的可能。比如在工况 3(硬碰撞,间距 0.024 m)下,1 F 的加速度是隔震层的 1.38 倍;在工况 5(软碰撞,间距 0.024 m)下,3 F 的加速度是 1 F 的 1.05 倍。

(3)在相同的间隔距离下,在硬碰撞的工况下的层间位移都要比在软碰撞工况下的层间位移大。硬碰撞下产生的最大层间位移是不考虑碰撞的最大层间位移的 3.18 倍,软碰撞下产生的最大层间位移是不考虑碰撞的最大层间位移的 2.23 倍。在硬碰撞的工况下,基本上间隔距离越近，产生的层间位移越大；在软碰撞的工况下，间隔距离越远，产生的层间位移越大。在硬碰撞的工况下，间距为 0.020 m 时产生的最大层间位移，是间距为 0.024 m 时产生的最大层间位移的 1.1 倍；在软碰撞的工况下，间距为 0.024 m 时产生的最大层间位移，是间距为 0.020 m 时产生的最大层间位移的 1.07 倍。

（4）碰撞后的上部结构的层间位移角倒数基本上都要小于不发生碰撞的上部结构的层间位移角倒数，说明碰撞加速了上部结构的塑性化。硬碰撞要比软碰撞对上部结构产生更大的塑性变化。

针对上述的分析，可以看出，在相同的距离下，基本上硬碰撞产生的结构反应都要大于软碰撞产生的反应。因此在隔震设计时，可以采用相对较软的挡墙，从而减少碰撞对上部结构的影响。同时注意到在软碰撞的情况下，间隔距离越远，产生的层间位移越大。

第 5 章　隔震结构碰撞响应振动台试验研究

5.1　振动台试验概要

振动台试验是用来模拟结构在地震作用下的动力反应的有效方法，通过选取强震观测记录的实际地震波或模拟人工波等方式，来模拟地震动输入，可以直观地观察和记录结构在地震中的反应。

在研究隔震结构与挡墙的碰撞方面，除了数值模拟的方法之外，采用振动台的方法也是一种行之有效的方法。Guo[99]等对一 1：20 的采用基础隔震技术的桥梁模型进行了一系列的振动台试验，研究了其与周围上部结构发生碰撞时的动力反应特性；Filiatrault[100]等对两个不同高度的相邻建筑之间的碰撞进行了振动台的试验研究；Armin Masroor[101]等对一隔震结构与挡墙碰撞进行了振动台试验，并分析了对上部结构的影响。

在本章中，将对 5 层的基础隔震框架结构进行振动台试验。试验分别采用两种不同类型的锥形减震支座，考虑了两种不同的碰撞接触，并对结果做出对比分析。

5.1.1　试验模型设计

5.1.1.1　上部结构模型

上部结构模型为一 1：15 的五层钢框架，如图 5.1 所示。X 向尺寸为 0.6 m，Y 向尺寸为 0.3 m，层高为 0.2 m。其中框架柱采用方形钢管，框架梁采用矩形钢管。模型第一、二、三层的配重为 16 kg，第四、五层的配重为 15 kg，顶部的配重为 10 kg，整个钢框架的质量为 20 kg。

图 5.1　模型实物

框架结构模型中各构件的具体尺寸见表 5.1，试验模型的相似比关系列于表 5.2 中。

表 5.1　试验模型构件尺寸

构件	截面尺寸（mm）
角柱	19×19×1.1
中柱	19×19×1.1
主梁	20×10×1.0
次梁	10×20×1.0

表 5.2　模型相似比系数

物理量	长度	弹性模量	加速度	时间	速度	位移	质量
符号	S_l	S_E	S_a	S_T	S_v	S_x	S_m
量纲	L	$ML^{-1}T^{-2}$	LT^{-2}	T	LT^{-1}	L	M
相似系数	1/15	1	2	1/5.5	1/2.7	1/15	1/450

5.1.1.2　支座模型

在振动台试验中，共选用两种锥形减震支座来制作支座模型，一种是钢板和聚四氟乙烯组合的锥形支座，另一种是橡胶、聚四氟乙烯和钢板组合的锥形支座。本章将第一种支座简称为双复合型锥形支座，将第二种支座称为三复合型锥形支座。

1）钢板和聚四氟乙烯组合的锥形支座（双复合型锥形支座）

试验采用的双复合型锥形支座的坡度角为 15°，上、下盖板均采用钢材，支座的详细尺寸参数如图 5.2 所示。中间的黏弹性材料为 3 mm 厚的聚四氟乙烯，加工成品形式如图 5.3 所示。

2）橡胶、聚四氟乙烯和钢板组合的锥形支座（三复合型锥形支座）

三复合型锥形支座减震装置的上盖板是由天然橡胶和聚四氟乙烯粘结组成，粘结材料使用尼龙件，下盖板仍然采用坡度角为 15° 的钢板。支座的加工形式和具体尺寸参数如图 5.4 所示。

（a）双复合型锥形支座模型上盖板实物

（b）双复合型锥形支座模型下盖板实物

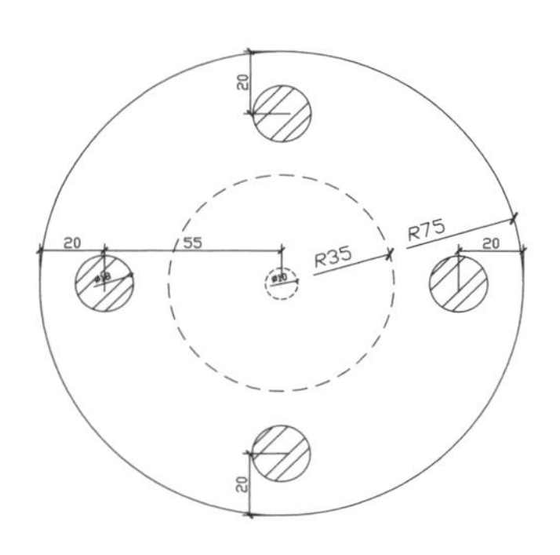

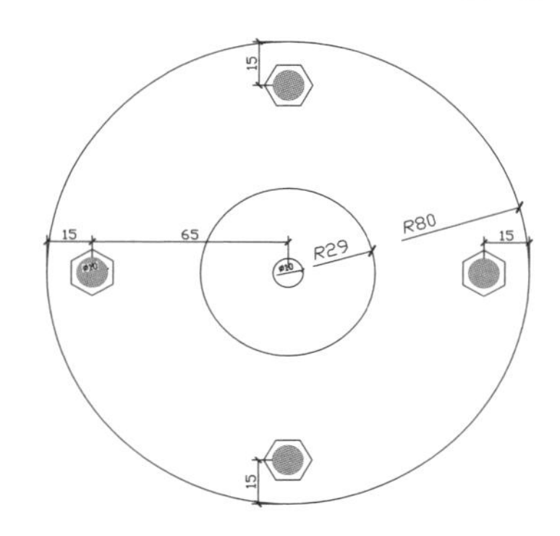

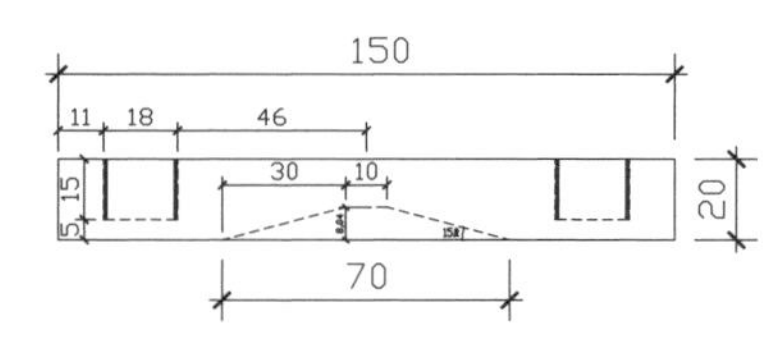

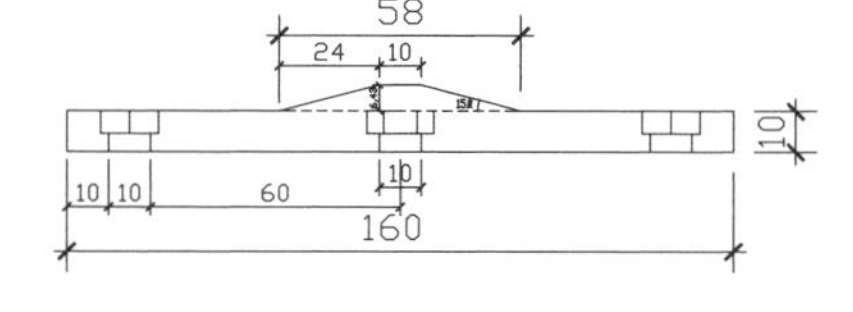

（c）双复合型锥形支座模型上盖板尺寸

（d）双复合型锥形支座模型下盖板尺寸

图 5.2　双复合型锥形支座的上下盖板及尺寸

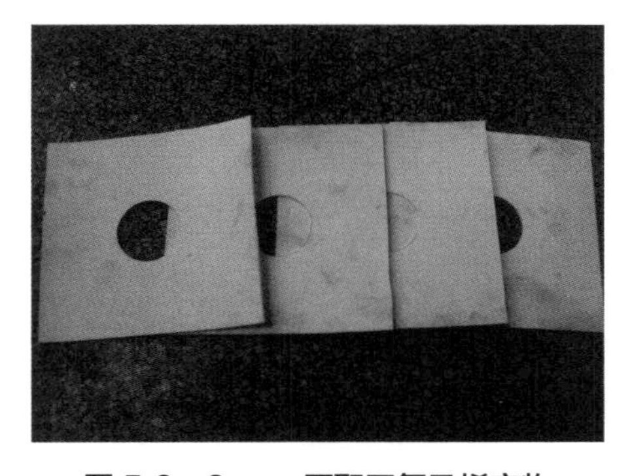

图 5.3　3 mm 厚聚四氟乙烯实物

（a）三复合型锥形支座模型上盖板实物

（b）三复合型锥形支座模型下盖板实物

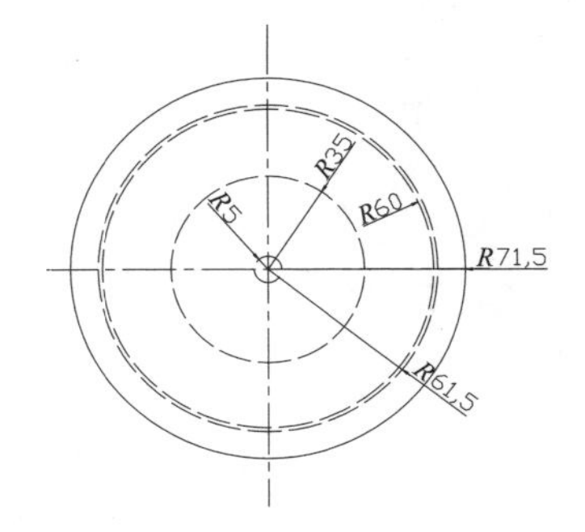

（c）三复合型锥形支座模型上盖板平面图

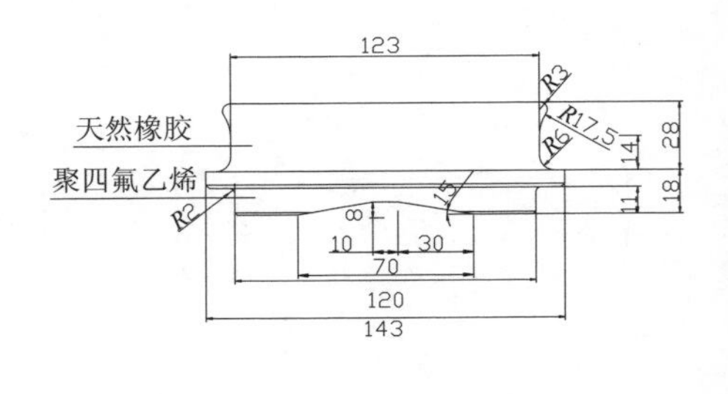

（d）三复合型锥形支座模型上盖板立面图

图 5.4　三复合型锥形支座的上下盖板及尺寸

5.1.2　试验设备

5.1.2.1　振动台

试验采用的振动台设备如图 5.5 所示，采用正弦波作为输入地震动，振动台的实物如图 5.6 所示。

图 5.5　振动台实物

5.1.2.2　传感器布置

试验采用的传感器为加速度传感器，一共采用了 7 个，传感器的立面布置如图 5.7 所示，平面布置如图 5.8 所示。测点号从振动台平面开始，计为 1，依次增加至顶层测点号 7。

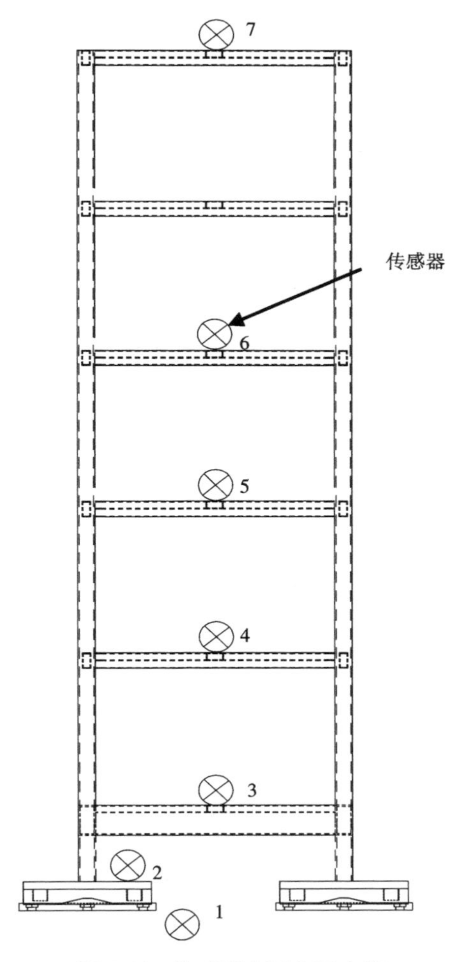

图 5.7　传感器立面布置方案

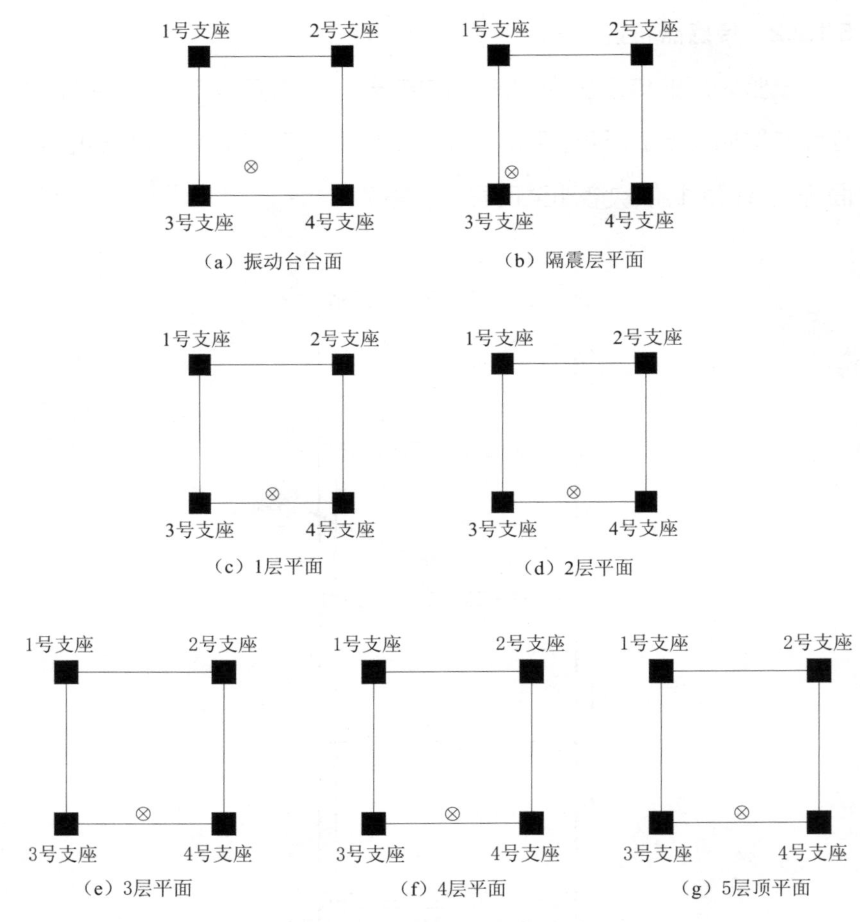

图 5.8　传感器平面布置方案

5.1.2.3　碰撞试块布置

在振动台试验中，分别考虑了软硬两种碰撞模式，硬碰撞采用混凝土试块碰撞，如图 5.9 所示；软碰撞采用丙烯酸酯橡胶碰撞，如图 5.10 所示。考虑碰撞的振动台试验如图 5.11 所示，采用单边碰撞的方式进行。

图 5.9　混凝土碰撞试块

图 5.10　丙烯酸酯橡胶碰撞试块

图 5.11　碰撞振动台试验

考虑到两种锥形支座的滑动距离不大，地震动采用的是正弦波加载，因此设定的碰撞间距为 1 cm，采用两种不同的频率加载来进行试验，频率 1 为 2.5 Hz，频率 2 为 3.5 Hz，有效的加载时间为 10 s。具体的工况见表 5.3。

表 5.3　工况信息

工况编号	支座类型	碰撞物	加载频率
1	双复合型锥形支座	无	1号
2	双复合型锥形支座	无	2号
3	双复合型锥形支座	混凝土	1号
4	双复合型锥形支座	混凝土	2号
5	双复合型锥形支座	丙烯酸酯橡胶	1号
6	双复合型锥形支座	丙烯酸酯橡胶	2号
7	三复合型锥形支座	无	1号
8	三复合型锥形支座	无	2号
9	三复合型锥形支座	混凝土	1号
10	三复合型锥形支座	混凝土	2号
11	三复合型锥形支座	丙烯酸酯橡胶	1号
12	三复合型锥形支座	丙烯酸酯橡胶	2号

5.2　试验结果数据

工况 1 至工况 12 下各层的加速度峰值见表 5.4。

表 5.4　工况 1 至工况 12 下各层加速度峰值　（单位：m/s^2）

测点号	工况 1	工况 2	工况 3	工况 4	工况 5	工况 6	工况 7	工况 8	工况 9	工况 10	工况 11	工况 12
1	3.81	4.79	3.57	4.94	3.76	4.50	3.67	5.10	3.70	5.23	4.29	5.16
2	12.02	8.92	25.46	37.67	22.67	34.66	30.66	18.89	37.51	42.11	31.55	39.47
3	11.62	9.36	28.41	33.96	20.96	27.00	24.13	19.41	31.60	33.12	27.12	29.73
4	11.70	9.82	31.77	27.70	18.70	22.61	25.05	17.23	33.82	27.51	26.45	29.21
5	8.61	7.40	26.85	20.30	13.30	17.17	15.72	12.19	29.24	16.67	16.98	21.92
6	9.82	8.44	21.46	18.42	11.42	11.49	10.13	10.71	25.84	13.66	14.78	18.49
7	15.40	13.37	18.40	19.23	22.23	15.43	12.89	9.99	14.18	15.70	14.75	15.43

5.3　试验结果数据对比分析

在本节中，考虑到锥形支座有所不同，输入的正弦地震动也有所区别，以及不同的碰撞接触，因此对比分析是基于相同锥形支座的情况下，再分别对比分析不同频率和不同碰撞接触条件下各个工况的各层加速度放大倍数。

（1）频率 1 下的双复合型锥形支座的工况，包括工况 1、工况 3 和工况 5。其中工况 1 为不考虑碰撞的模型，因此放大倍数取为 1；工况 3 与工况 5，隔震结构分别与混凝土试块和丙烯酸酯橡胶试块发生碰撞，上部结构各层的加速度放大倍数见表 5.5。

表 5.5　工况 1、3、5 下各层加速度放大倍数

测点号	各层加速度放大倍数		
	工况 1	工况 3	工况 5
1	1	1	1
2	1	2.118	1.886
3	1	2.444	1.803
4	1	2.714	1.598
5	1	3.118	1.545
6	1	2.185	1.163
7	1	1.194	1.444

从表 5.5 中可以看出，工况 3 中结构与混凝土试块发生碰撞的情况下，上部结构除顶层外，其加速度放大倍数大于工况 5，即结构与丙烯酸酯橡胶碰撞时相应加速度的放大倍数。

（2）频率 2 下的双复合型锥形支座的工况，包括工况 2、工况 4 和工况 6。其中工况 2 为不考虑碰撞的模型，因此放大倍数取为 1；工况 4 和工况 6 具体的各层加速度放大倍数见表 5.6。

表 5.6 工况 2、4、6 下各层加速度放大倍数

测点号	各层加速度放大倍数		
	工况 2	工况 4	工况 6
1	1	1	1
2	1	4.223	3.886
3	1	3.626	2.883
4	1	2.820	2.301
5	1	2.745	2.321
6	1	2.183	1.362
7	1	1.439	1.154

从表 5.6 中可以看出，工况 4 中结构与混凝土试块发生碰撞的情况下，上部结构的加速度放大倍数大于工况 6，即结构与丙烯酸酯橡胶碰撞时相应加速度的放大倍数。

（3）频率 1 下的三复合型锥形支座的工况，包括工况 7、工况 9 和工况 11。其中工况 7 为不考虑碰撞的模型，因此放大倍数取为 1；工况 9 与工况 11，隔震结构分别与混凝土试块和丙烯酸酯橡胶试块发生碰撞，上部结构各层的加速度放大倍数见表 5.7。

表 5.7 工况 7、9、11 下各层加速度放大倍数

测点号	各层加速度放大倍数		
	工况 7	工况 9	工况 11
1	1	1	1
2	1	1.223	1.029
3	1	1.310	1.124
4	1	1.350	1.056
5	1	1.860	1.080
6	1	2.550	1.458
7	1	1.100	1.144

从表 5.7 中可以看出，工况 9 中结构与混凝土试块发生碰撞的情况下，上部结构除顶层外，其加速度放大倍数大于工况 11，即结构与

丙烯酸酯橡胶碰撞时相应加速度的放大倍数。

（4）频率 2 下的三复合型锥形支座的工况，包括工况 8、工况 10 和工况 12。其中工况 8 为不考虑碰撞的模型，因此放大倍数取为 1；工况 10 与工况 12，隔震结构分别与混凝土试块和丙烯酸酯橡胶试块发生碰撞，上部结构各层的加速度放大倍数见表 5.8。

表 5.8　工况 8、10、12 下各层加速度放大倍数

测点号	各层加速度放大倍数		
	工况 8	工况 10	工况 12
2	1	2.229	2.090
3	1	1.707	1.532
4	1	1.597	1.695
5	1	1.368	1.799
6	1	1.276	1.727
7	1	1.572	1.545

从表 5.8 中可以看出，工况 10 中结构与混凝土试块发生碰撞的情况下，上部结构在测点 2、3、7 的放大倍数都要大于工况 12，即结构与丙烯酸酯橡胶碰撞时相应加速度的放大倍数，而在测点 4、5、6 处则相反。

由表 5.5~表 5.8 可以看出，在相同的锥形支座和相同的正弦输入地震动情况下，与混凝土试块碰撞所产生的各层加速度放大倍数，总体上都大于与丙烯酸酯橡胶相碰撞所产生的放大倍数。因此可以认为，采用丙烯酸酯橡胶能起到一定的缓冲效果。

对比表 5.5 和表 5.7，以及表 5.6 和表 5.8，可以看出采用三复合型锥形支座的隔震结构在碰撞后所产生的各层加速度放大倍数，基本上都要小于采用双复合型锥形支座在碰撞后所产生的放大倍数。因此可以认为，从加速度放大倍数的角度来说，三复合型锥形支座要比双复合型锥形支座更加适合面对碰撞这类的问题。

5.4 本章小结

在本章中，对一上部结构为钢结构的隔震结构进行了振动台试验研究。在试验中，采用了两种不同类型的锥形支座，一种是钢板和聚四氟乙烯组合的锥形支座，另一种是橡胶、聚四氟乙烯和钢板组合的锥形支座。同时，考虑了两种不同的碰撞接触，一种为混凝土试块，另一种是丙烯酸酯橡胶。地震动采用两种不同频率的正弦波输入。得出的主要结论如下：

（1）无论是采用双复合型锥形支座还是三复合型锥形支座，碰撞接触采用混凝土试块或是丙烯酸酯橡胶，隔震结构在碰撞后各层加速度峰值都有所增大。最大加速度峰值的位置不是固定的，这是受隔震结构本身的特性、地震动的输入以及碰撞接触条件等影响。

（2）在相同的锥形支座和相同的正弦输入地震动情况下，与混凝土试块碰撞所产生的各层加速度放大倍数，总体上都大于与丙烯酸酯橡胶相碰撞所产生的放大倍数。在所有的工况中，与混凝土试块碰撞所产生的最大加速度倍数为 4.223，而与丙烯酸酯橡胶碰撞后产生的加速度最大倍数为 3.886，前者是后者的 1.09 倍。因此可以认为，采用丙烯酸酯橡胶能起到一定的缓冲效果。

（3）对比采用不同类型的锥形支座可以看出，三复合型锥形支座的隔震结构在碰撞后所产生的各层加速度放大倍数，基本上都要小于采用双复合型锥形支座在碰撞后所产生的放大倍数。三复合型锥形支座的隔震结构在碰撞后产生的最大加速度倍数为 2.550，而双复合型锥形支座的隔震结构在碰撞后产生的最大加速度倍数为 4.223，前者是后者的 60.4%。因此单从加速度放大倍数的角度来说，三复合型锥形支座要比双复合型锥形支座更加适合面对碰撞这类的问题。

第 6 章　结论与展望

6.1　结论

本书以高层隔震结构损伤和倒塌模拟为研究对象，分别从铅芯橡胶支座的损伤破坏、整体隔震结构在隔震层损伤后的动力反应特性、隔震结构与挡墙碰撞后的动力反应特性以及结合振动台试验研究四个方面进行探索与分析。主要取得了如下成果：

（1）确定了隔震支座在压剪状态下，当水平变形超过 300%时，会出现刚度强化段；当水平变形超过 400%时，认为隔震支座会发生破坏。通过 Abaqus/Standard 有限元软件模拟了铅芯隔震支座在大变形情况下的水平滞回性能。同时，采用 cohesive 单元结合 Abaqus/Explicit 有限元软件，较好地模拟了铅芯橡胶支座在达到 400%水平变形时发生的橡胶层和钢板层脱离的破坏现象，可为进一步多尺度的分析提供一定的参考。

（2）提出了水平方向四线段刚度的简化铅芯橡胶隔震支座模型，并采用 Abaqus 中的 connector 单元所提供的弹性行为、塑性行为以及损伤行为，可以较好地实现隔震支座的加载、卸载的力学行为。通过合理的设置，可以较好地模拟隔震支座的力学性能，从而为隔震结构整体分析提供基础。

（3）通过设置简化隔震的失效准则，分析了隔震结构在单个支座、局部隔震支座以及所有隔震支座失效退出工作时的动力反应特性。与没有任何隔震支座破坏的隔震结构相比，隔震层全部失效破坏时的顶层加速度峰值放大倍数最大，约 67 倍；边角位置隔震支座的失效破坏与中间位置的隔震支座的失效破坏相比，对上部结构的顶层加速度影响更加大。与没有任何隔震支座破坏的隔震结构相比，总体上隔震层全部失效破坏时对整个结构各层加速度的放大作用是最大的。边角位置隔震支座损伤对整个结构各层加速度的放大作用要比中间位置隔震支座损伤对整个结构各层加速度的影响要大。对于各层层间位移，边角位置隔震支座的破坏对整个结构的层间位移的影响要大于中间位置隔震支座破坏对结构层间位移的影响。

（4）处于中间位置的隔震支座失效退出工作，与未有任何隔震支座损伤的情况相比，上部结构某些层的层间位移减小，这种现象是结构损伤后刚度降低引起的。

（5）通过 Abaqus 有限元软件，模拟了一五层结构与挡墙碰撞后的结构动力反应特性，分别考虑了两种不同刚度的挡墙以及两种不同的挡墙间距。通过分析得出：在相同的距离下，基本上硬碰撞产生的结构反应都要大于软碰撞产生的反应。硬碰撞下，间距为 0.020 m 的情况下，顶层加速度放大了 4.85 倍，间距为 0.024 m 的情况下，放大了 3.21 倍；软碰撞下，间距为 0.020 m 的情况下，顶层加速度放大了 3.26 倍，间距为 0.024 m 的情况下，放大了 2.44 倍。硬碰撞下产生的最大层间位移是不考虑碰撞的最大层间位移的 3.18 倍，软碰撞下产生的最大层间位移是不考虑碰撞的最大层间位移的 2.23 倍。同时，碰撞加速了上部结构的塑性化，硬碰撞要比软碰撞对上部结构产生更大的塑性变化。

（6）对一 1 : 15 的钢结构隔震结构模型进行了碰撞反应分析的振动台试验。试验中，采用两种频率的正弦波作为输入地震动，并选取两种不同类型的锥形隔震支座，同时考虑了两种碰撞接触介质。通过分析得出：在相同的锥形支座和相同的正弦地震动输入情况下，与混凝土试块碰撞所产生的各层加速度放大倍数总体上都大于与丙烯酸酯橡胶相碰撞所产生的放大倍数，因此在设计时可以考虑采用丙烯酸酯橡胶作为碰撞的缓冲材料；采用三复合型锥形支座的隔震结构在碰撞后所产生的各层加速度放大倍数基本上都要小于采用双复合型锥形支座在碰撞后所产生的放大倍数，因此单从加速度放大倍数的角度来说，三复合型锥形支座要比双复合型锥形支座更加适合面对碰撞这类的问题。

6.2　展望

在对隔震结构的损伤和倒塌的研究进展中，本书的研究只取得了初步的成果。在该研究领域还存在以下几方面值得进一步扩充和深入：

（1）考虑到日后的多尺度模拟分析，隔震支座实体模型的拉伸和压缩界限破坏的失效模拟仍然需要研究。

（2）Abaqus 有限元软件尽管目前为止已经提供了很好的支持，但针对上部结构梁单元的混凝土损伤模型还需要进一步的研究和开发，为更加真实地模拟结构损伤以及倒塌反应提供支持。

（3）隔震结构与挡墙的碰撞的过程实质是一个能量转换的过程，所以在今后的研究中，可以从能量的角度去探索。此外本书的研究中没有考虑到不同地震波对结构的影响，碰撞的次数也只考虑了一次，因此今后需要更加系统地进行研究。

（4）针对双复合锥形支座和三复合锥形支座的碰撞下的振动台试验研究也需要进一步深化，以便能够准确地掌握其力学性能及其对上部结构的影响。

参考文献

[1] 范立础. 桥梁抗震[M]. 上海：同济大学出版社，2001.

[2] 周福霖. 工程结构减震控制[M]. 北京. 地震出版社，1997.

[3] 范立础，王志强. 我国桥梁隔震技术的应用[J]. 振动工程学报，1999，12(2)：173-181.

[4] Tsutomu K，Yasuhiro N. Development and Realization of Base Isolation System for High-Rise Buildings[J]. Journal of Advanced Concrete Technology，Vol.3，No.2，2005，pp. 233-239.

[5] 欧进萍. 结构振动控制[M]. 北京：科学出版社，2003.

[6] 日本建筑学会. 隔震结构设计[M]. 刘文光，译，冯德民，校. 北京：地震出版社，2006.

[7] 谢凌志，于建华. 结构半主动控制的发展动态[J]. 四川建筑，2001，21(2)：40-42.

[8] 卢志刚，何玉敖. 开关控制最优层间位移限值确定原则[J]. 非线性动力学学报，2001，8(1)：79-83.

[9] 阎维明，周福霖，谭平. 土木工程结构振动控制的研究进展[J]. 世界地震工程，1997，13(2)：8-20.

[10] 刘建军. 建筑结构半主动控制系统理论研究[D]. 天津：天津大学，2004.

[11] Housner G W，et al. Structural Control：Past，Present，

and Future [J]. Journal of Engineering Mechanics，1997，Vol.123，No.9，pp. 897-971.

[12] 张巍，何玉教. MR-TMD 半主动控制研究及其应用[D]. 天津：天津大学，2004.

[13] 刘季，孙作玉. 结构可变阻尼半主动控制[J]. 地震工程与工程振动，1997，17(2): 92-97.

[14] 张勇，陈云，李志亮. 结构主动控制理论及存在的问题[J]. 高新技术，2010，33(13): 302-312.

[15] 钟先锋. 高层隔震结构基于多因素相关性的非线性模型研究[D]. 广州：广州大学，2009.

[16] Nagashima I，Shinozaki Y. Variable gain feedback control technique of active mass damper and its application to hybrid structural control [J]. Earth Engrg and Struct Dyn，1997，No.26，pp. 815-838.

[17] Soong T T，Reinborn A M. An Overview of Active and Hybrid Structural Control Research in the U. S. [J]. The Struct. Dyn. Design of Tall Buildings，1993，Vol.2，pp.192-209.

[18] 涂勇，陈水生，涂清艳. 土木工程结构振动控制研究方法综述[J]. 建筑与结构设计，2011，(8): 49-53.

[19] 胡聿贤. 地震工程学[M]. 北京：地震出版社，2006.

[20] 冯玲玲. 层间隔震与 TMD 混合控制抗震研究[D]. 武汉：武汉理工大学，2009.

[21] Higahsino M，Kani N，Ohta Y，et al. State of the art of the development and application of seismic isolation and energy dissipation technologies for buildings in Japan[C].

2009: 295-304.

[22] 何永超，邓长根，曾康康. 日本高层建筑基础隔震技术的开发和应用[J]. 工业建筑，2002，32(5): 29-31.

[23] Tsutomu K, Yasuhiro N, Yuichi K, et al. Development and realization of base isolation System for high-rise buildings [J]. Journal of Advanced Concrete Technology, 2005,Vol.3, No.2, 233-239.

[24] 熊伟. 高层隔震建筑设计的若干问题研究[D]. 武汉: 华中科技大学，2008.

[25] 张新影. 昆明新机场航站楼关键减隔震技术之复合隔震结构设计研究[D]. 云南: 昆明理工大学，2008.

[26] 贾金刚，徐迎，石磊. 关于“连续性倒塌”定义的探讨[J]. 爆破，2008，25(1):22-24.

[27] 哈梅, 等. 防止多高层混凝土建筑渐次倒塌的设计与分析[M]. 北京: 中国建筑工业出版社，2010.

[28] 杜振辉. 框架结构抗连续倒塌设计与延性分析[D]. 大连: 大连理工大学，2008.

[29] 郝梓国，周健. “5·12” 汶川地震专辑——谨以此专辑纪念在地震中遇难的同胞和灾后重建的人们[J]. 地质学报，2008，82(12): 1612.

[30] Li Z X, Shi Y C. Methods for Progressive Collapse Analysis of Building Structures Under Blast and Impact Loads. Trans. Tianjin Univ. 2008, 14: 329-339.

[31] 黄真伟. 爆炸荷载作用下钢筋混凝土框架结构连续倒塌的数值模拟[D]. 天津: 天津大学，2007.

[32] Luccioni B M, Ambrosini R D, Danesi R F. Analysis of

building collapse under blast loads [J].Engineering Structures，2004，26(1): 63-71.

[33] 黄庆华. 地震作用下钢筋混凝土框架结构空间倒塌反应分析[D]. 上海: 同济大学,2006.

[34] Hakuno M，Meguro K. Simulation of Concrete-Frame Collapse due to Dynamic Loading [J]. Journal of Engineering Mechanics，1993，119(9).

[35] Izzuddin B A，Vlassis A G，Elghazouli A Y，et al. Progressive collapse of multi-storey buildings due to sudden column loss (Part Ⅰ): Simplified assessment framework [J]. Engineering Structures，2008，30(5):1308-1318.

[36] 建筑学名词审定委员会. 建筑学名词[M]. 北京：科学出版社，2014.

[37] 廖姝莹. 橡胶隔震支座稳定性研究[D]. 上海: 同济大学,2008.

[38] 何文福，刘文光，霍达. 小高宽比隔震结构双向输入振动台试验研究及数值分析[J]. 地震工程与工程振动，2006(5): 218-225.

[39] 刘文光，任玥，何文福，等. 建筑 LRB 橡胶支座的老化和徐变性能研究[J]. 世界地震工程，2012，28(4): 131-136.

[40] Lindley P B. Engineering Design with Natural Rubber[J]. The Nature Rubber Producers. 1964. Research Association Technical Bulletin No.8.2.

[41] Robinson W H. Lead-rubber hysteretic bearings suitable for protecting structures during earthquakes[J]. EESD，1982，10(4): 593-604.

[42] 高山峰夫，多田英之，等. 4 秒隔震设计方法[M]. 东京：理工图

书，1997.

[43] 刘文光，周福霖，庄学真，等. 铅芯夹层橡胶隔震垫基本力学性能研究[J]. 地震工程与工程振动，1999，Vol.19，No.1：93-99.

[44] 刘文光. 橡胶隔震支座力学性能及隔震结构地震反应分析[D]. 北京：北京工业大学，2004.

[45] 刘世平，张素媛. 日本建筑隔震橡胶发展动向[J]. 中国橡胶，2001，17(19)：22-24.

[46] 刘文光，李峥嵘，周福霖. 低硬度橡胶隔震支座基本力学性能及恢复力特性[J]. 地震工程与工程振动，2002，32(3)：138-144.

[47] 熊世树，周正华，王补林，等. 铅芯橡胶隔震支座恢复力模型的分析方法[J]. 华中科技大学学报（城市科学版），2003，20(2)：28-31.

[48] 何文福，刘文光，霍达，等. 铅芯橡胶支座滞回曲线的扁环现象及其恢复力模型[J]. 郑州大学学报，2006，27(4)：71-74.

[49] 韩强，刘文光，杜修力，等. 橡胶隔震支座竖向性能试验研究[J]. 辽宁工程技术大学学报，2006(2)：217-219.

[50] 曾德民. 橡胶隔震支座的刚度特征与隔震建筑的性能试验研究[D]. 北京：中国建筑科学研究院，2007.

[51] 沈朝勇，崔杰，马玉宏，等. 超低硬度隔震橡胶支座的竖向力学性能研究[J]. 地震工程与工程振动，2012，32(5)：136-145.

[52] 何文福，刘文光，杨彦飞，等. 厚层橡胶隔震支座基本力学性能试验[J]. 解放军理工大学学报（自然科学版），2011，12(3)：258-263.

[53] 刘阳. 高层隔震结构地震响应及损伤评估研究[D]. 上海：上海大学，2014.

[54] 刘琴. 隔震橡胶支座型检评价与拉剪性能研究[D]. 广州：广州大学，2015.

[55] 吴忠铁，范萍萍，杜永峰，等. 某类铅芯橡胶支座的端部水平动静比研究[J]. 西安建筑科技大学学报(自然科学版)，2015，47(6):834-837.

[56] 马玉宏，赵桂峰，郑宁，等. 基于地震模拟振动台试验的铅芯橡胶隔震支座静力性能修正[J]. 地震工程与工程振动，2019，39(5): 78-85.

[57] 薛素铎，高佳玉，姜春环，等. 高阻尼隔震橡胶支座力学性能试验研究[J]. 建筑结构，2020，50(21): 71-75.

[58] 日本隔震构造协会. 隔震结构入门[M]. 东京：OHM 出版社，1995.

[59] 郑明军，王文静，陈政南，等. 橡胶 Mooney-Rivlin 模型力学性能常数的确定[J]. 橡胶工业，2003，50：263-265.

[60] 刘萌，等. 橡胶 Mooney-Rivlin 模型中材料常数的确定[J]. 橡胶工业，2011，58：241-245.

[61] 叶志雄，李黎，聂肃非，等. 铅芯橡胶支座非线性动态特性的显式有限元分析[J]. 工程抗震与加固改造，28(16): 53-60.

[62] Shakhzod M T，James M K. Numerical Study on Buckling of Elastomeric Seismic Isolation Bearings[C]. ASCE 2006.

[63] 黄志坚. 基于随机振动时域显式法的抗震与隔震结构地震响应计算方法研究[D]. 广州:华南理工大学，2019.

[64] 庄茁，等. 基于 ABAQUS 的有限元分析和应用[M]. 北京：清华大学出版社，2009.

[65] 欧进萍，李慧，吴斌，等. 地震工程灾害与防御(Ⅱ)——建筑抗

震设防规范分析与比较[R]. 汶川地震——建筑震害调查与灾后重建分析报告. 北京：中国建筑工业出版社，2008.

[66] 陈肇元. 跋——汶川地震教训与震后建筑重建、加固策略[R]. 汶川地震——建筑震害调查与灾后重建分析报告. 北京：中国建筑工业出版社，2008.

[67] 潘鹏，曹海韵，潘振华，等. 中日建筑抗震设防标准和抗震设计方法比较[R]. 汶川地震——建筑震害调查与灾后重建分析报告. 北京：中国建筑工业出版社，2008.

[68] 清华大学土木结构组，西南交通大学土木结构组，北京交通大学结构组. 汶川地震建筑震害分析[J]. 建筑结构学报，2008，29(4)：1-9.

[69] 刘展，等. Abaqus 6.6 基础教程与实例详解[M]. 北京：中国水利水电出版社，2008.

[70] 赵腾伦. ABAQUS 6.6 在机械工程中的应用[M]. 北京：中国水利水电出版社，2007.

[71] Nakanishi R，et al. Fragility evaluation of base-isolated building Part1：Evaluation of fragility curve considering bumping against retaining wall [J]. Architectural Institute of Japan，2007，8：941-942.

[72] Endo M，et al. Fragility evaluation of base-isolated building Part2：Evaluation of fragility curve considering bumping against retaining wall [J]. Architectural Institute of Japan，2007，8：943-944.

[73] 梁兴文，等. 基于 ABAQUS 的混凝土损伤本构关系研究[J]. 土木建筑与环境工程，2010，32(2)：646-648.

[74] 陈肇元，钱稼茹. 建筑与工程结构抗倒塌分析与设计[M]. 北京：

中国建筑工业出版社，2010.

[75] 张劲，王庆扬，胡守营，等. ABAQUS 混凝土损伤塑性模型参数验证[J]. 建筑结构，2008，32(8)：127-130.

[76] 郭明. 混凝土塑性损伤模型损伤因子研究及其应用[J]. 土木工程与管理学报，2011，28(3)：128-132.

[77] 李正，李忠献. 混凝土损伤模型参数对钢筋混凝土桥墩地震响应的影响[J]. 北京工业大学学报，2011，37(1)：18-24.

[78] 陆新征，等. 建筑抗震弹塑性分析[M]. 北京：中国建筑工业出版社，2009.

[79] 符蓉，等. LRB 基础隔震结构在近断层脉冲型地震作用下的碰撞响应[J]. 工程力学，2010，52：41-45.

[80] 叶昆，李黎. LRB 基础隔震结构在近断层脉冲型地震作用下的动力响应研究[J]. 工程抗震与加固改造，2009，31(2)：32-39.

[81] 李旭，等. 近断层地震动对高层建筑结构抗震性能的影响[J]. 同济大学学报(自然科学报)，2012，40(1)：14-21.

[82] Stewart，et al. Ground motion evaluation procedures for performance-based design[J]. Soil Dynamics and Earthquake Engineering，2002，22：765.

[83] Mavroeidis G P，et al. A mathematical representation of near-fault ground motions [J]. Bulletin of the Seismological Society of America，2003，93(3)：1099.

[84] Yang D，et al. Inter-story drift ratio of building structures subjected to near-fault ground motions based on generalized drift spectral analysis[J]. Soil Dynamics and Earthquake Engineering，2010，30：1182.

[85] Tothong P, et al. Structural performance assessment under near-source pluse-like ground motions using advanced ground motion intensity measures [J]. Earthquake Engineering and Structural Dynamic, 2008, 37: 1013.

[86] Hall J F, et al. Near-source ground motion and its effects on flexible buildings [J]. Earthquake Spectra, 1995, 11 (4): 569.

[87] Chopra A K, et al. Drift spectrum versus modal analysis of structural response to near-fault ground motions [J]. Earthquake Spectra, 2001, 17(2): 221.

[88] Somerville P G. Engineering characteristics of near fault ground motion[C]. SMIP 97 Seminar on Utilization of Strong Ground Motion Data.

[89] Abrahamson N. Incorporating effects of near fault tectonic deformation into design ground motions. http://mceer.buffalo.edu/outreach/pr/Abrahamson.asp.

[90] Kalkan, et al. Effects of fling step an forward directivity on seismic response of buildings[J]. Earthquake Spectra, 2006, 22(2): 367.

[91] 杨迪雄，赵岩. 近断层地震动破裂向前方向性与滑冲效应对隔震建筑结构抗震性能的影响[J]. 地震学报，2010，32(5): 579.

[92] Tsai H C. Dynamic analysis of base-isolated shear beams bumping against stops [J]. Earthq Eng Struct Dyn, 1997, 26: 515-28.

[93] Malhotra P K. Dynamics of seismic impacts in base-isolat-

ed buildings [J]. Earthq Eng Struct Dyn，1997：26：797-813.

[94] Matsagar V A，Jangid R S. Seismic response of base-isolated structures during impact with adjacent structures [J]. Eng Struct ，2003：25：1311-23.

[95] Agarwal，et al. Earthquake induced pounding in friction varying base isolated buildings [J]. Eng Struct，2007，29（11）：2825-32.

[96] Komodromos，et al. Response of seismically isolated buildings considering poundings [J]. Earthq Eng Struct Dyn，2007，36：1605-22.

[97] 樊剑，刘铁，魏俊杰. 近断层地震下摩擦型隔震结构与限位装置碰撞反应及防护研究[J]. 土木程学报，2007，40（5）：10-16.

[98] 赵建伟，等. 考虑相邻建筑物碰撞的基础隔震结构的地震反应分析[J]. 振动与冲击，2010，29（5）：215-219.

[99] Guo A X，et al. Experimental and analytical study on pounding reduction of base-isolated highway bridges using MR dampers [J]. Earthquake Engineering and Structural Dynamics，2009，38：1307-1333.

[100] Filiatrault，et al. Analytical prediction of experimental building pounding [J]. Earthquake Engineering and Structural Dynamics，1995，24：1131-1154.

[101] Armin M，Gilberto M. Experimental simulation of base-isolated buildings pounding against moat wall and effects on superstructure response [J]. Earthquake Engineering and Structural Dynamics，2012.